U0021502

台灣精釀啤酒誌

20 間台灣在地酒廠 ×93 款
Made in Taiwan 手工精釀啤酒

La Vie 編輯部

LaVie⁺麥浩斯

目次

PART 3　啤酒暢飲地圖

PART 1 啤酒入門速成班

精釀啤酒跟商業啤酒有何不同？簡明扼要的啤酒入門篇，讓你快速掌握啤酒基礎知識！

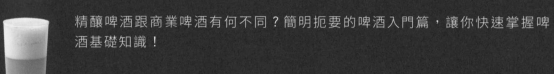

什麼是精釀啤酒？

text 謝馨儀 | photo La Vie 編輯部

　　精釀啤酒（Craft Beer）意指是否呈現出啤酒的多元性、歷史或創新感、釀製是否具備水準、風味是否主要來自麥芽而非便宜添加物等，如今已是優質啤酒的代名詞。

　　另一方面，微型酒廠（Microbrewery）出產的啤酒也被視為精釀啤酒，由於在風味、宣傳手法、釀酒態度等，都跟常見的商業大廠品牌有著明顯的區別，讓「精釀啤酒」一詞與啤酒革命幾乎畫上等號。

　　美國精釀協會對於微型酒廠有著相當明確的定義，每年產量必須在600萬桶以下，外人持股必須要低於25%等，基本上就是規模小的獨立運作酒廠，而且啤酒的風味主要由麥汁發酵過程得來。

　　精釀啤酒的潮流如今已湧向全世界，過往的商業酒廠也開始研發原生產線以外的啤酒口味。以上種種，都讓精釀啤酒的定義從最早的產量規模，轉變成態度的表現。

精釀啤酒小歷史

text 謝馨儀 | photo La Vie 編輯部

　　釀酒為人類文明演化重要的一部分，啤酒釀造早在西元9500年前的美索不達米亞平原就有記載。古埃及遺物中常見到啤酒的蹤影，就連中國古法也有以麥芽釀造的記載。緯度較高的歐洲國家包括德國、比利時、英國、北歐等地皆有悠久的啤酒歷史，且跟當地政治歷史的鬥爭息息相關。

　　工業革命全球化之際，由於鐵路的擴建、玻璃杯的普及與新工業設備的發明，強烈的時代氛圍讓人們渴望嶄新的事物。有著金黃色的迷人色澤，口感清脆乾淨的皮爾森式啤酒，便跟傳統顏色深且混濁的果香愛爾對比強烈，提供了截然不同的新時代選擇！

　　當時，專門釀造皮爾森啤酒的大型工業酒廠如雨後春筍般成立，許多傳統小酒廠紛紛關門，全世界無一倖免。在美國，最低潮時甚至只剩下四十幾間酒廠，也讓選擇趨向單一，人們甚至不知道啤酒還有不同的口味。

　　精釀啤酒一詞始於1970年代的英國，一群熱愛傳統木桶愛爾的酒客們，因木桶愛爾在酒吧絕跡而上街頭抗議。1980年代起，美國精釀酒廠以美式啤酒花和英國愛爾的釀造方式，釀造出新穎又傳統的口味，漸漸吸引了大眾目光。

　　如今三十年過去，世界各地吹起了精釀旋風，新世界如澳洲、紐西蘭、日本等，舊世界如義大利、法國、英國，各地的精釀酒廠皆蓬勃發展，強調多元豐富的啤酒風味，趨勢銳不可擋。

台灣精釀啤酒醞釀史

text 謝馨儀 ｜ photo La Vie 編輯部

　　十一年前初回台灣時，台灣宛如一片精釀啤酒沙漠，網路上只有為數不多的資訊。於是我開始撰寫相關部落格，出了一本《精釀啤酒賞味誌》。臉書上，與同好開啟了台灣精釀啤酒俱樂部，慢慢的，吸引了許多原本在角落內獨自飲酒的同好。那時，精釀的力量一如緩緩漲潮的海水，能量正逐漸累積中。

　　慢慢的，精釀啤酒的風潮在這兩年內聲勢大漲，猶如冷水溫度至臨沸點般持續發燙，「精釀啤酒」一詞成了最流行的熱門詞彙。資訊首先在各大媒體強力播放，從生啤酒酒吧、本土釀酒廠、啤酒餐廳、啤酒品飲會、啤酒嘉年華等，無處不在。踏出台灣，精釀狂潮也早已襲捲世界各地，如今台灣也搭上了這股潮流。然而這股旋風並非異軍突起，過往的歷史早有跡可循。

2002年　民間釀酒之始

　　台灣精釀啤酒的醞釀期有好幾階段。首先是2002年台灣初次開放小型釀酒，這是一個重要的時間點。當時資本家們爭相投入小型釀酒的藍海市場，最早有金色三麥、Jolly、台精統、麥晶等酒廠。金色三麥至今仍屹立不搖，2015年還從日本引進具代表性的「精釀啤酒嘉年華」，成為台灣精釀啤酒市場的龍頭。2003年成立的北台灣麥酒則是台灣精釀啤酒界第一個成功打出品牌的瓶裝酒廠。老闆溫立國先生以難度高的比利時啤酒為主打，產品如比利時小麥啤酒、修道院啤酒等。北台灣的荔枝水果啤酒還曾一度出口新加坡，成為外國人對台灣精釀啤酒的第一印象。

一馬當先的比利時啤酒

　　除此之外，台灣也是比利時啤酒最早萌芽的亞洲國家。二十年前，比利時人Antonis、現今的「麥米魯」老闆，將比利時修道院啤酒如Chimay、Orval等進口到台灣來，當時亞洲國家極少接觸到商業啤酒以外的啤酒風格。Antonis並將比利時啤酒推廣到咖啡廳（比利時人習慣在咖啡廳享用啤酒），比如CO2、Cafe Odeon、Cafe Bastille，埋下了精釀啤酒風潮的種子。現今Something Ales酒吧的老闆鄭承偉、拉貝厚的老闆王作祥，都是第一批接觸比利時啤酒的達人們。也因為啤酒咖啡廳多聚集在台大、師大一帶，讓比利時啤酒一度跟文青畫上等號。

2007年　美式精釀狂潮來襲

　　風靡全球的美國精釀啤酒則是在2007年首度吸引了台灣酒商的注意力。來自美國的包老闆首先進口來自舊金山，極具精釀革命意義的鐵錨啤酒Anchor Beer。接著，凱迪亞克進口商帶入西雅圖的Elysian啤酒，以創意的行銷包裝打響了美國精釀的形象；英國具領袖地位的精釀啤酒Fuller's與Samuel Smith也約莫同時間引進台灣。臉書上的「台灣精釀啤酒俱樂部」更是推波助瀾，舉辦了教育意義強烈的啤酒活動。2015年，強調十多種生啤酒，並有專業冷藏室的精釀酒吧「啜飲室」開幕後，吸引各大媒體報導，更讓精釀啤酒的狂潮正式浮現檯面。

自釀實力大躍進

　　台灣的自釀文化（Homebrew）也在這十幾年間默默收穫，因法規關係比日本發展得更好，每年都有自釀啤酒大賽，培育出不少優秀的釀酒師。早期台灣的精釀酒廠皆以德式為主，品質參差不齊。隨著開放的精啤資訊與自釀實力的提升，新成立的台灣精釀酒廠漸漸由傳統德式，轉向設限少、強調結合在地的新派美系精釀酒廠。最大特色是使用重口味的美式啤酒花，且強調麥芽的豐厚風味。2013年成立的「Hardcore哈克釀酒」便是以美系啤酒花主打，另外像是請來美國釀酒師的「臺虎精釀酒廠」，宜蘭「吉姆老爹啤酒工場」的ABC釀酒師等，精釀酒廠的風格更趨多元性。

精釀啤酒熱潮正開始！

　　如今，台灣已能買到極受歡迎的多國精釀啤酒，美國如Sierra Nevada、Stone、Ballast Point，英國如Thornsbridge等，選擇眼花撩亂。遍地開花的生啤酒吧也讓台灣的小酒廠有更多的銷售地點，實力快速增強，甚至已有酒廠開始試種台灣在地的啤酒花，未來的台灣酒廠肯定會包含更多的台灣元素、指日可期！

台灣精釀啤酒小年表		
	1990s	比利時啤酒進口：修道院啤酒如Chimay、Orval在咖啡廳販賣
	2002	台灣開放民間釀酒：金色三麥和Jolly等酒廠陸續成立
	2003	北台灣麥酒廠設立，第一家能見度高的瓶裝啤酒
	2007	美國精釀啤酒Anchor's進口台灣，美式精釀開始受到矚目
	2008	豪邁引進在英國極具代表指標的Fuller啤酒
	2010	臉書「台灣精釀啤酒俱樂部」成立，舉辦教育活動
	2012	哈克釀酒成立，為台灣第一間強調美式啤酒花的酒廠
	2014	「啜飲室」開幕，為台灣第一間具備專業冷藏室的生啤酒吧
	2016	「Mikkeller Bar」開幕，為其亞洲第四據點

認識四大釀酒原料

text 謝馨儀｜插圖 陳若凡

麥芽 Malt

麥芽是啤酒的靈魂軀幹，給予啤酒顏色、酒體、風味、甜度等特質。

麥芽即發芽的大麥，大麥主要生長於緯度45〜55度、偏寒冷的地區，這些地區往往也以啤酒聞名，比如捷克、德國、英國等，都發展出各自的啤酒風格與歷史。大麥一般來說有二稜與六稜大麥，若論品質以前者取勝。二稜的澱粉較多蛋白質較少，風味較足，產量卻也比較低。

大麥製作成麥芽的過程是一門專業學問。「製麥」得先從選麥芽開始，再浸潤麥芽，待大麥冒出芽尖（這個步驟會讓麥芽充滿了酵素，就可讓澱粉在適當溫度之下轉換成糖分）以後，就得將麥芽烘乾以暫時停止前述化學反應，並依烘烤程度染上由淺至濃的顏色。

大致來說，麥芽可簡單分成**基底麥芽**和**特殊麥芽**。基底麥芽構成大部分的麥汁，如淡麥芽（Pale Malt）或皮爾森麥芽（Pilsner Malt）。特殊麥芽如慕尼黑麥芽（Munic Malt）或巧克力麥芽（Chocolate Malt）則提供更多濃郁且特色的風味。其他穀類如小麥、裸麥、燕麥，也是常加入啤酒的原料，功效風味各異。

啤酒花 Hop

簡單說，啤酒少了啤酒花，就像廚師做菜少了調味料！

啤酒花跟大麻屬於同一個家族，外形極像爬牆的藤蔓，只取其錐形果實，其中含藏的油脂和單寧將賦予啤酒苦味、風味、香氣。啤酒花主要生長於緯度30～52度之間，從美國西北方、英國南部、比利時西南部、捷克、日本都有，各地的原生品種不盡相同，味覺特色差異甚大。目前台灣也有人嘗試種植。

啤酒花有防腐保鮮的作用，通常分成整朵乾燥、方形顆粒、萃取精華或新鮮的形式，每一種的功能與芬芳感不同。有些精釀啤酒直接以「啤酒花形式」為主打，如「新鮮啤酒花Fresh Hop」，強調新鮮的草本柑橘味。

啤酒花基本分為**香味型**和**苦味型**，在釀造過程的滾沸階段投入，放置通常有兩到三個階段。苦味型在滾沸時約90分鐘取其苦味，再放入香味型數分鐘，免得後者時間過長苦味散去。

IBU（International Bitter Unit）是苦味多寡的數值，數字越高，代表苦味越高。一般啤酒的IBU約為20～40，美式IPA的IBU則達到70以上。

水 Water

水是啤酒最重要的元素，占據了啤酒85～95%，最重要的步驟在於加入糖化使用。麥芽製作過程需要大量的水，釀酒廠設備也需要大量的水運作，包括麥汁降溫、清洗器具等，因此早期酒廠多建立在水源方便的區域。

水質對啤酒的影響非常大，其中的**礦物質比例**和**PH質**等等都會造成影響。現今的技術進步，酒廠已能依據啤酒風格的需要，調整水中的礦物質或鹽分。

礦物質對啤酒風味的影響相當細緻，其中又以鈣、鎂、鈉、重碳酸鹽、硫酸鈣、氯化物最重要。一般來說，充滿高礦物質含量的稱為硬水，較少的稱為軟水。歷史上有名的啤酒都跟水質有關，像是英國波頓的水質含有高量碳酸鈣，適合釀造果香濃郁的英式淡愛爾。愛爾蘭都柏林的水質則重鹼性，適合重烘烤帶酸味的司陶特。台灣之前進口的日本富士櫻高原啤酒，則強調使用富士山清甜的山泉水。

由於一加侖的啤酒得用上三加侖的水，使用量甚大，在環保意識抬頭下，如今已有越來越多精釀酒廠強調再生水的利用。

酵母 Yeast

肉眼看不見卻無所不在的酵母是由單細胞的生物組成，給予啤酒酒精與二氧化碳。生活中例如麵包、饅頭、葡萄酒、清酒、醃漬物等美食，統統都需要酵母的工作。酵母猶如一位上帝派來的神奇魔術師，能將麥汁轉換成美酒。

啤酒酵母主要分成三大類，每一類底下都還有眾多分支：

愛爾酵母Saccharomyces cerevisiae：發酵期間會慢慢上升至啤酒表層，狀似滾沸的泡沫，因此又稱為「上層發酵酵母」。如有機會參觀英國開放式的石板發酵槽或傳統圓木發酵槽，就能很明顯的看到活躍的酵母泡沫。

拉格酵母Saccharomyces pastorianus：發酵末期酵母會下沉於酒桶底部，酒色也較透明，啤酒比較有清脆乾淨的口感。大多商業啤酒都以拉格酵母為主。

野生酵母Brettanomyces：指空氣中漂浮的野生酵母，像是比利時Pajottenland區域的野生酵母，那股特殊的農舍馬鞍香氣猶如臭豆腐般極具特色，是不少啤酒重度愛好者的最愛。如果想釀出野生酵母的味道，酵母公司也提供仿野生酵母的酵母種。

啤酒的釀造過程

text 謝馨儀｜插圖 陳若凡

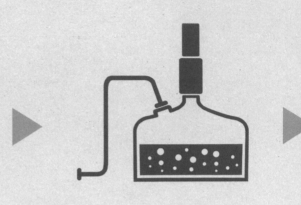

碾碎麥芽
Milling

麥芽收成後會先在專業麥芽廠內進行「製麥」手續，也就是浸麥、發芽、焙燥等。釀酒廠跟麥芽廠購買的都是已製麥完成的麥芽。

待釀酒師挑好麥芽組合並混合秤量後，即可開始碾麥。磨麥機首先會將麥殼磨碎成小分子，磨碎內含的胚乳與蛋白質。通常磨得越細，麥汁甜度越高，但磨得太細也有可能讓糖化過程變得黏稠，在過濾時更難處理。因此釀酒師要依麥芽的種類來決定細緻的程度。碾麥時保留麥殼的完整度也很重要，因為麥殼將成為過濾步驟的天然濾網，讓過程更順利。

糖化
Mashing

啤酒的糖化作業和威士忌一樣。簡單來說，就是用平均65℃的熱水浸潤已碾碎的麥芽，以此啟動澱粉中的酵素，將澱粉轉換成糖與蛋白質。由於麥芽內含的多種酵素會在不同的溫度和PH水質下啟動，因此釀酒師可以依照所需調整溫度。目前有三種糖化過程：❶保持同一溫度。❷將溫度逐步升高至數階段，最常見也最普及。❸混合數種不同溫度的糖化麥汁，如傳統德國三次糖化（Triple Decoction）。總結來說，糖化依照啤酒種類、麥芽使用、國家文化習慣等等，皆不相同。

過濾
Lautering

　　過濾作業是將糖化完成的麥汁和麥殼等殘渣分開，移至滾沸槽內。酒廠依照設備設計不同各有變化，但基本上分成三階段。第一階段，在過濾前將溫度升高至70℃，停止所有的酵素轉換過程，使麥汁更加滑順易濾，稱為Mashout。第二階段，待麥殼沉澱後，上層部分麥汁會先抽出槽內並再度噴灑回去，前述提到未溶解的麥殼便成為良好的天然濾網，過濾出濃稠的第一道麥汁，稱為Recirculation。第三階段則是將約75℃的熱水撒在剩餘的穀物殼上，沖刷黏附的麥汁，即第二道麥汁，稱為Sparging。

煮沸
Boiling

　　煮沸階段會加入啤酒花滾沸，並在滾沸槽（Boiling Kettle）內進行，通常有幾樣目的：❶以高溫使酵素停止運作，穩定酒體。❷滾沸泡泡的產生，讓蛋白質或氨基酸更穩定，且排除結塊的蛋白質。❸滾沸會影響麥汁的甜度，增加風味。❹讓啤酒再度升溫殺菌，酒質更穩定。

　　啤酒花加入的時間分為數階段，分別加入苦味型、風味型、香味型的啤酒花，共約九十分鐘。苦味型啤酒花會在第一階段加入，滾沸時間越久，苦味越能融入酒體。風味型和香味型通常在最後階段才加，時間僅數分鐘，以免香味在滾沸過程中散發掉。

冷卻
Chilling

　　煮沸完成的麥汁會再次進行過濾，接著進行冷卻作業。如果將酵母直接加入滾沸的麥汁內，酵母很快會因過熱而死，因此在發酵前需要將麥汁冷卻至適當溫度。在家自釀時追求簡單操作，冷卻步驟常利用簡單的熱交換原理，將通過冷水的銅圈管線放入鍋內，藉此降低溫度，商業酒廠的冷卻道理差異不大。冷卻時，麥汁很容易鑽入氧化物質，可藉此再度排除一些溶解的蛋白質，快速降溫至26℃因此成為必要，又稱為Cold Break，此時看起來就像蛋花湯，去除後能讓啤酒更清澈。

發酵
Fermentation

　　發酵是啤酒風味轉換最重要的過程之一。釀酒師通常會在發酵之前先將酵母投入發酵槽內，槽內溫度則依酵母需求而定：如果是愛爾酵母，溫度為16～22℃；如果是拉格酵母，溫度則是9～14℃。在此過程中，酵母會將麥汁內的糖吃掉，產生酒精、二氧化碳和熱能。發酵作用通常在第二天最活躍，接下來逐漸緩慢至停滯。以發酵時間來說，愛爾酵母通常需要兩個禮拜，拉格酵母則會拉長至六個禮拜。由於發酵時會產生熱能，發酵槽必須長時間溫度控制。

熟成
Lagering

　　熟成作業又稱為二次發酵，主要目的是將酵母在發酵期間產生的不愉快風味，如acetaldehyde（如青蘋果般）、diacetyl（如奶油或蜂蜜般）等，讓酵母透過更多的熟成時間進行咀嚼，將不愉悅的物質大幅降低，讓啤酒的口感更加圓潤。熟成作業也會將原本刺鼻的酒精感轉變成更愉悅的水果滋味。許多小酒廠的發酵和熟成步驟皆在同一個槽內進行，待熟成完畢之後，再移除原有的酵母物質和剩餘的蛋白質。除此之外，釀酒師也可能添加過濾物質如魚膠來加快澄清過程，藉此加強風味與啤酒穩定度。

分裝
Bottling

　　分裝可分為玻璃瓶、罐裝和生啤酒桶。以瓶裝來說，流程包含了將熟成槽或發酵槽內的啤酒裝入瓶內、蓋瓶蓋、貼酒標。裝瓶前得充分洗淨瓶身，有些做法會灌入二氧化碳，以防止氧氣跑入。裝入啤酒後，會再灌入一小部分的二氧化碳或氮氣，保護最上層的啤酒不被氧氣入侵。目前也有不少酒廠的高價啤酒選擇以香檳瓶塞的方式手工裝瓶，凸顯價值。裝瓶機也是釀酒廠內最昂貴的機器之一，小型啤酒廠如果沒有裝瓶機，只能以簡單的機器全手工裝瓶，或將啤酒送至專業裝瓶廠。

啤酒杯也是啤酒好喝的關鍵！

text 謝馨儀｜插圖 陳若凡

馬克杯 mug

　　馬克杯杯壁厚，保冷效果頗佳，且附有粗獷的手把。馬克杯的特點是容量大，通常至少半公升起跳，德國啤酒花園內更常見一公升或容量更大的馬克杯，乾杯時特別有感覺。除了德式啤酒適用，美式或英式啤酒也適合。

品脫杯 pint　雪克杯 shaker

　　品脫杯在英國酒吧最常見，相較於馬克杯，杯壁薄又輕巧，手拿非常方便。英式品脫杯杯口處有凸出的小外圍，這是避免堆疊杯子時彼此黏附。由於英國人愛喝啤酒，品脫通常有16盎司與20盎司，目前許多美式酒吧也都使用類似杯型。

皮爾森杯 Pilsner Glass

　　皮爾森杯的杯型瘦長，錐型或笛型皆有，狀似迷你喇叭，給人歡慶的印象。此種杯型容量較小，想喝多得多倒幾次。細長的形狀讓氣泡的流動更順暢，能觀察泡沫上升的速度感。皮爾森杯適合清爽的各種拉格，一般商業拉格也適合。

小麥啤酒杯 weizen vase

　　小麥啤酒杯因杯口展開如花朵，又稱為花瓶杯。大杯口也適合德國小麥啤酒因蛋白質豐富而產生的大量濃稠酒沫，正好可以撐住泡沫。由於杯型別具一格且具備強烈的歷史感，酒吧通常只會用於盛裝德式小麥啤酒。

高腳鬱金香杯 tulip

　　類似小型的威士忌試酒杯，杯口如鬱金香般緩緩散開。由於杯口朝外，因此適合香氣較特殊，或者酒精濃度較高的重啤酒。比利時啤酒最常使用這一類杯子，在當地酒廠參觀時，也常以小型的鬱金香杯作為試飲杯。

聖杯 chalice

　　Chalice又稱為Goblet，酒杯根部握感粗厚，如果雕刻細緻更有如藝術品，比如比利時酒廠ORVAL的專屬紀念杯。此杯底內有一處小凹槽，酒倒入時能刺激出泡沫的活躍度，因此很適合巨大泡沫凝聚的比利時風格，如比利時IPA或修道院啤酒等。

窄口聞香杯 snifter

　　這款杯型的杯肚圓大，杯口窄，且有短小的杯腳。形狀類似白蘭地烈酒杯，因此適合小口啜飲，或者酒精濃度較高的啤酒。小口在舌尖上品嘗更能感受複雜度，如比利時Quadrupel或浸過木桶的高濃度高黑啤酒等。

棒狀杯 stange

　　這款像圓柱般的杯型直且長，容量不大，屬於地區性的傳統德國杯型，通常現身在北方城市科隆或杜賽爾道夫。當地歷史悠久的淺啤酒Koln或老啤酒Altbier便以此種杯型呈現，還會將12個杯子擺放在特製的圓盤內侍酒，極具特色。

啤酒這樣倒！

text 謝馨儀｜photo 張藝霖

STEP1

乾淨的杯子與穩定的手是完美倒酒的不二法門。

STEP2

將杯子傾斜為45度角，保持杯子的穩定，沿著杯壁，朝杯子中段緩緩倒入啤酒。

STEP3

繼續沿著杯壁倒酒，倒超過一半時，一邊倒一邊慢慢將杯子舉直，讓酒沫充分成形。若是酒沫太多或上升太快，可以稍微放慢倒酒速度並讓杯子繼續維持傾斜，不要太快拿正。

STEP4

一氣呵成倒完所有的酒。這時可以不用再沿著杯壁，而是直接往杯子中段倒酒，幫助產生濃密的泡沫。

STEP5

倒完後，濃密的酒沫應能盡情展現出該支啤酒的香氣。

保存啤酒的美味～

text & photo La Vie 編輯部

◆ **直立擺放**：以金屬瓶蓋封口的啤酒來說，擺放時以直立擺放為佳，以避免與瓶蓋產生長時間的接觸，造成品質變化。

◆ **陰涼儲藏**：大部分啤酒買回家後，都是先冷藏再享用。但若想長時間儲存啤酒，最理想的就是放在溫度穩定介於8～14℃的陰涼地方。

◆ **恆溫乾爽**：絕對要避免將酒放在強烈光線、極高溫、極低溫之處，也不要長久存放於充滿強烈氣味的空間裡。溫度穩定對於儲存啤酒來說相當重要，稍微溫暖但恆溫的儲藏空間，會比涼爽但溫度偶爾升高的空間來得理想。

◆ **避免過凍**：若長久放在太冰的環境裡，啤酒可能會結凍或變得混濁，失去原本的風味；若置放在高溫底下，啤酒則會變色或走味；若是長期照射強光，同樣會讓啤酒的風味產生質變。

◆ **避免過晃**：啤酒應存放於陰涼的空間，要喝之前再放入冰箱冷藏。另一方面，酒沫對於搖晃較為敏感，若開瓶前大力搖晃，將無法製造出好的酒沫泡泡，最好待其恢復穩定後再開瓶，才能完整的保留其美味。

PART2 MIT 精釀啤酒

資深釀酒痴、想念家鄉味的美國人、希望替台灣農作物尋找新出路的理想家、釀酒資歷長達二十五年的德籍釀酒大師……，不同的理念會釀出不同的美酒，寶島專屬的台灣精釀啤酒現正百花初放！

北台灣麥酒
North Taiwan

text 劉維人｜photo 張藝霖｜影像提供 北台灣麥酒

公司成立於	2003 年 06 月
酒證核發於	2004 年 09 月
第一支酒上市	2004 年 10 月

ADD 337 桃園市大園區中山北路 270 號
TEL 03-386-9430
TIME 週一～週五 10:00 – 18:00
FB 北台灣麥酒廠

北台灣麥酒 LOGO 設計

一支荔枝啤酒
打下江山

創辦人溫立國

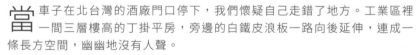

當車子在北台灣的酒廠門口停下，我們懷疑自己走錯了地方。工業區裡一間三層樓高的丁掛平房，旁邊的白鐵皮浪板一路向後延伸，連成一條長方空間，幽幽地沒有人聲。

整個空間中最多的就是酒瓶。三四百箱塑膠籃子裝滿深棕色酒瓶，整整齊齊疊在棧板上，從深處一路排到門口。另一小圈的紙箱上印著大大的貓咪LOGO。怎麼看都像是倉庫，不是工廠。

但這就是北台灣麥酒廠，那個你在昏黃的酒館燈光下打開冰櫃，拿出兩瓶荔枝啤酒，在細緻的泡沫與水果甜味的陪伴下和朋友聊天的北台灣麥酒。也是和閃靈、張懸、雲門合作，用聯名啤酒進一步打響台灣精釀名氣，特色各異的酒標攻占餐廳咖啡館手創店，你幾乎不可能沒看過的那家著名酒廠。

這樣一間釀酒名廠，以彷彿鐵工廠倉庫的不起眼樣子，靜靜藏在桃園鄉間的工業區巷道中。北台灣的廠房就像他們的酒：質樸、舒服、自信。在精緻多層次的技術中，帶著大方坦蕩的台味。

250 公升的起點

我們和北台灣的釀酒師阿傑在酒廠的小角落裡聊起北台灣的過去，以及幾乎占滿了半個酒廠一筐筐酒。阿傑指著角落旁躺著的兩個「大鍋」，就跟菜市場裡用來煮麵線、仙草、魚丸湯的沒兩樣。但那兩個250公升的器具，就是北台灣在2003年的起點。

溫老闆原本是汽車修護師，擁有一家改裝汽修廠。WTO剛開放的時候，朋友勸愛喝啤酒的他乾脆自己學著釀，就這樣一句話，讓他從此踏進釀酒人生。他去大同大學段國仁教授的課學自釀，從零開始自己試。在最初的創建期，家人很難理解為什麼要放棄穩定的生活，投入小蝦米打大鯨魚的未知戰場。當時的溫先生沒有名氣，也沒什麼資金，釀酒、機器、送貨全都自己來。

釀酒師段淵傑

　　「剛創立時，你再也找不到比我們更小的釀酒廠。」那時北台灣的資本額只有一百五十萬，就連現在名滿業界的阿傑，當時也只是個在北台灣打工的大五延畢生。「大五那年我被當一堂必修，每個禮拜除了上那一堂課之外就不知道要幹嘛。結果我叔叔（段國仁教授）就建議我去溫先生的工廠上班。」

　　阿傑從打工小弟做起，看著麥汁一路變成擁有生命的酒液，也找到了可以寄託的人生目標。公司三個人投入所有的時間與能量，經典八、雪藏、經典六，就此誕生。

　　然而對當時的台灣人而言，「啤酒」就等於台啤或生啤，清淡順口的金黃色液體。幾乎沒有人熟悉那些麥芽、烘焙、酵母、香料的無窮可能性。「經典八」剛推出時，一般顧客因為「帶著中藥味，酒精濃度太高」而搖頭，更不要說售價是台啤的兩三倍。

　　北台灣沒有餐廳，沒有廣告經費，要推廣，一切只能靠品質。「酒就跟賣吃的一樣，就拿sample給他們喝喝看。」溫老闆說。可是開放初期的民間釀酒品質參差不齊，為了安全，許多人甚至連試喝都不願意。沒幾年，公司四百萬的資金幾乎燒光光。

　　但在推廣與失敗的道路中，卻間接促生了關鍵轉捩點──荔枝啤酒。

扭轉命運的荔枝啤酒

　　「對於啤酒，很多台灣人喜歡談『順口』，這個詞的意思是，酒不苦。」阿傑說，但「順口」在啤酒界未必是正面的形容詞。在釀酒的無限宇宙裡，釀酒師與品飲者尋找的是烘烤與發酵產生的各種果香木質層次的結合。優質的苦味能增強啤酒味覺的縱深，當時的台灣人卻幾乎沒有嘗過優質的苦味。在進入精釀啤酒的世界之前，他們需要一座橋樑。

　　溫老闆在四處拜訪時，某次有人向他建議製作水果啤酒。比利時啤酒以實驗精神聞名，只要是能吃的食材，全都能入酒。既然北台灣做的是比利時啤

酒，台灣的水果又這麼著名，為什麼不試做看看？

　　為了讓風味多變的精釀啤酒被期待「順口」印象的一般大眾接受，北台灣最後選了甜美飽滿的荔枝。明亮的果香與細緻的泡沫，很快就衝破了大家對精釀啤酒的心防。「水果啤酒」的概念在人們心中一杯一杯傳遞，大家開始發現，啤酒不只是過去以為的那樣。

追求百之百的台灣製造

　　對於溫老闆和阿傑來說，北台灣的存在不是為了拚成長率、市占率，而是用自己的雙手把理想變成生命。「北台灣的酒很容易缺貨，」阿傑說，但他們不想因此借錢快速擴廠。有多少人，做多少事，他們像是幾十年前的台灣傳統產業，讓每個人過自己想要的生活。

　　為了這件事，溫老闆和阿傑不但不間斷推出台灣特色的水果啤酒，更堅持廠內設備盡量台灣製造。「從國外進口釀酒設備很方便，」阿傑坦言，「但台灣必須有自己的產業。」他說台灣雖然到2002年，才因為加入WTO而開放民間釀酒，但民間的食品機械業者早在幾十年的茶飲果汁經驗中，累積

1　酒廠裡有一大半空間都用來放置正處於二次發酵階段的啤酒。

2　跨界合作的聯名款已經成為北台灣的一大特色。

出一流的器材實力。他引著我們進入廠內,三個樸實的
兩噸發酵槽安靜地反射著金屬光澤。圍繞在桶槽旁邊,
特別訂製的糖化槽、跑到山裡小工廠尋得的碾麥
機、裝瓶機、輸送帶,以至於每一只玻璃瓶,全
都是台灣製造。

　　北台灣另一個代表性特色:瓶內二次發酵,則藏在堆滿廠內的酒
瓶裡。

　　瓶內二次發酵是啤酒釀造的原點。也是北台灣從創立至今的堅
持。阿傑說,北台灣不做Force Carbonation(人工灌入CO_2使酒
液碳酸化),從舌尖滑落入喉的每一顆氣泡,都來自酵母的天然生成。這種
類似香檳酒的做法,換來的是氣泡與風味交織的細緻層次,天然酵母保存了
啤酒口感味覺的複雜度,將傳統釀造工藝傳遞到每一位品酒者舌尖。

　　「講起來有點肉麻,但我是說真的,現在的我做啤酒,已經不只是為了興
趣,有點是為台灣的啤酒產業了。」入行早的阿傑實力已經受到肯定,拿獎
之外還受邀到其他國家當比賽評審。他也希望逐步把Made in Taiwan的啤
酒推向各國。「在台灣你能做的東西就是比較小,但人的素質完全不輸其他
地方。現在整個國家變得有點弱弱的,每個人能做的,就是用自己會的東
西去往外推。」

　　北台灣想讓世界知道:台灣人也可以創出自己的,擁有世界水準的啤酒。

聯名款,各種可能性的探索

　　為了讓更多人喝下第一口精釀,北台灣與許多團體攜手合作。光
是與樂團合作的聯名款就有五支之多,還有舞團、雜誌、電影節、
美術館。阿傑就像是用酒來創作的獨立藝術家,累積了大量的配方與
經驗。無論是傳統路線還是水果啤酒,只要能夠呈現出合作夥伴的釀
酒靈感,他都毫不吝嗇地拿來測試。比如為了呈現餐酒館的原木裝潢,
阿傑直接加入檀香木片,做出木質味道的獨特啤酒。

對阿傑來說，酒是自由的領域；而釀酒的本質，是向未知可能性的嘗試。

就連酒標的選擇，北台灣也勇於嘗試各種創新。溫老闆和酒館遇見的畫家聊天，聊出了代表性十足的貓LOGO。聯名款酒標更是交由合作夥伴自由發揮。最近甚至找了詩人畫家夏夏，以台灣特有種動物製作剪紙酒標，十幾年的老牌子「經典八」、「經典六」，都將陸續換上新衣。

從獨立精神的「經典八」，到水果啤酒、聯名啤酒，溫老闆與阿傑相信好酒的內在力量。「酒這種東西其實沒有太強的品牌依賴度，喝了喜歡比較重要。」溫老闆說。他建議沒有喝過精釀啤酒的人，不妨和朋友在聚會時買幾瓶不同的酒，分著輪流品嘗，一旦遇到第一口喜歡的，就能放下心防。溫老闆甚至認為，酒館與餐廳都可以試著抓幾支酒，組成品飲套餐，讓客人多方嘗試各種不同的啤酒面貌。

如果想要自己嘗試品飲之路也沒關係。比起其他酒類，啤酒的價格非常平易近人。「即使是最糟的狀況，就當成買一支來踩踩雷吧！」溫老闆說，在兩大啤酒評鑑網站（Ratebeer和Beeradvocate）得分高的品項，通常不會太雷，而且啤酒專賣店的老闆也都能專業地引領客人。「真的怕，就先從荔枝啤酒開始吧！」溫老闆笑著說。●

3 即使得自行想辦法克服各種困難，北台灣仍堅持使用台灣製造的設備。

北台灣經典八度啤酒

2014 亞洲啤酒大賽比利時啤酒組金賞

酒標設計 以酒體顏色（黑色）為框，襯上麥芽圖案與中文數字「八」。（未來將換成新款的剪紙系列酒標）

類型	Belgian Dark Strong Ale
原料	比利時 & 美國麥芽、糖、歐洲啤酒花、比利時酵母、水
內容量	330ml
酒精濃度	8%
適飲溫度	10℃
香氣	啤酒花香鮮明
外觀	深黑色
酒體	厚重
苦度（IBU）	24 IBUs
上市年份	2014 年
建議杯款	鬱金香杯或北台灣紀念杯
建議定價	105 元

舊款的經典八度於2003年上市，是北台灣麥酒推出的第一支啤酒。2014年推出全新配方，旋即榮獲2014年亞洲啤酒大賽（Asia Beer Cup）比利時啤酒組金賞。

改版後的新配方為顏色偏黑的Belgian Dark Strong Ale，使用深色Candi Sugar及深色麥芽來增深酒色，並以比利時修道院啤酒酵母發酵，大量添加香味型啤酒花，讓香氣更明顯，釀造時間也比其他市售啤酒更長，是一款費時又耗工的啤酒。

北台灣經典六度啤酒

散發著冷泡啤酒花的濃郁香氣

比利時啤酒風格，使用比利時修道院啤酒酵母發酵，配以Candi Sugar與焦糖麥芽，一入口便嚐得到焦糖的甜味。啤酒花則添加了德國Hallertau與英國East Kent Golding啤酒花，並採用冷泡啤酒花（Dry Hopping）技術，增強啤酒花的香氣。雖然添加了較多的苦味啤酒花，但甜味與苦味完美配搭。

酒標設計　以酒體顏色（紅棕色）為框，襯以麥芽圖案與中文的數字「六」，簡單大方。（未來將換成新款的剪紙系列酒標）

類型	Belgian Ale	外觀	琥珀色
原料	比利時 & 美國麥芽、糖、歐洲啤酒花、比利時酵母、水	酒體	中等
		苦度（IBU）	23 IBUs
		上市年份	2004 年
內容量	330ml	建議杯款	鬱金香杯或北台灣紀念杯
酒精濃度	6%	建議定價	100 元
適飲溫度	10℃		
香氣	草本香氣		

北台灣荔枝啤酒

讓北台灣谷底翻身的決定酒款

北台灣麥酒的第一支水果啤酒，也是極具代表性的MIT精釀水果啤酒。北台灣遵循傳統比利時啤酒釀法，為打造足以代表台灣特色的水果啤酒反覆測試，發現荔枝與啤酒能產生絕佳的協調性，而且是國外啤酒廠釀不出來的獨特味道。荔枝也是最具代表性的台灣水果之一，舉世聞名。深具台灣特色風情，亦受各界口碑傳頌。

酒標設計　原設定客群為女性（其實也有許多男性喜歡），因此以插畫來呈現楊貴妃與荔枝花，希望活潑的色彩能吸引女性的目光。

類型	水果啤酒	外觀	黃色、泡沫持久性高
原料	比利時 & 美國麥芽、台灣荔枝果汁、糖、歐洲啤酒花、美國酵母、水	酒體	中等
		苦度（IBU）	10 IBUs
		上市年份	2006 年
內容量	330ml	建議杯款	皮爾森笛型杯或北台灣紀念杯
酒精濃度	5%	建議定價	105 元
適飲溫度	6℃		
香氣	荔枝香氣		

北台灣雪藏白啤酒

2014 亞洲啤酒大賽比利時啤酒組銀賞

> **酒標設計** 飛魚剪紙圖案出自剪紙創作家夏夏之手，使用「雪藏」一貫的藍色系為基礎色，希望營造出置身海邊，輕鬆品飲小麥啤酒的感覺。

類型	Belgian Ale
原料	比利時 & 美國麥芽、捷克啤酒花、比利時酵母、水
內容量	330ml
酒精濃度	5%
適飲溫度	7℃
香氣	Saaz 啤酒花香氣
外觀	黃色
酒體	中等
苦度 (IBU)	14 IBUs
上市年份	2004 年
建議杯款	鬱金香杯或北台灣紀念杯
建議定價	100 元

榮獲2014年亞洲啤酒大賽（Asia Beer Cup）比利時啤酒組銀賞。比利時啤酒風格的特色是添加小麥芽及捷克最有名的Saaz啤酒花，並以比利時修道院啤酒酵母發酵。Saaz啤酒花給予「雪藏」獨特的香料味。也因為添加了比例高達一半的小麥芽，使這支啤酒的口感滑順，苦味並不明顯，強調著小麥啤酒容易入喉的適飲性。

北台灣經典十度啤酒

酒精濃度最高的 MIT 精釀啤酒

酒標設計 白鷺鷥剪紙圖案出自剪紙創作家夏夏之手。全面改換「經典」系列酒標，希望能讓更多人了解台灣的特有種動物，進而關心愛護這片土地。

「經典十」是北台灣麥酒的比利時經典系列最後王牌，酒精濃度超過10%，是目前酒精濃度最高的MIT精釀啤酒。使用北台灣招牌修道院酵母，風格為酒精濃度較高、顏色較深的Belgian Tripel，大量使用淺色Candi Sugar來提高酒精濃度及降低酒體，並用斯洛維尼亞Styrian Golding啤酒花，創造出比利時啤酒最經典的高雅香氣。

類型	Belgian Tripel
原料	比利時＆美國麥芽、糖、斯洛維尼亞啤酒花、比利時酵母、水
內容量	330ml
酒精濃度	10%
適飲溫度	12℃
香氣	水果酯香氣
外觀	黃色
酒體	重
苦度〔IBU〕	36 IBUs
上市年份	2016 年
建議杯款	鬱金香杯或北台灣紀念杯
建議定價	115 元

閃靈獨立啤酒

北台灣麥酒第一款德式啤酒

獨家
聯名款

德式小麥啤酒的特色是水果香氣與丁香香氣的完美結合，由於沒有過濾酵母所以酒液混濁，配方使用一半比例的小麥芽，添加歐洲啤酒花及德國啤酒酵母發酵，相當到味。活躍於國際搖滾界的閃靈對於德國、比利時等歐洲國家豐富多元的啤酒文化印象深刻，主唱Freddy說：「這支酒喝起來有點歐風，卻保有一種台灣的甘味，讓人上癮！」

閃靈獨立 Strike 啤酒

閃靈與北台灣再度聯手之作

獨家
聯名款

第一款閃靈獨立啤酒的成功，促使了「閃靈」樂團與北台灣麥酒再次合作。第二次的聯名款為比利時風格的Saison啤酒，在法文裡Saison是季節的意思，Saison啤酒傳統上是比利時鄉下農夫所釀的酒，每戶農家的配方都不一樣，亦不受原物料的拘束限制，讓每家Saison啤酒的風味都相當獨特。強烈芳香的酵母味則是Saison啤酒最明顯的特徵。

酒標
設計　「獨立」在過往一直是洪水猛獸般的禁忌話題，導致多數人欠缺對自身的瞭解與自信。台灣身為海洋國家，擁有開拓的海洋性格才能不斷激起美麗的浪花，這也是酒標的浪花紋想表達的。「獨立」兩字除了在筆畫上加強厚重堅定的意向，「獨」字中的「虫」也改成「土」，期許所有愛好這支啤酒的人，能從自己腳下的土地走出去。

類型	German Wheat Beer (Weissbier)	香氣	香蕉香氣	類型	Saison		水果、辛香料香氣
		外觀	黃色	原料	比利時 & 美國麥芽、糖、歐洲啤酒花、比利時酵母、水		
原料	比利時 & 美國麥芽、德國啤酒花、德國酵母、水	酒體	中等			外觀	金黃色
		苦度 (IBU)	13 IBUs			酒體	中等
		上市年份	2014 年			苦度 (IBU)	21 IBUs
		建議杯款	小麥啤酒杯或北台灣紀念杯	內容量	330ml	上市年份	2015 年
內容量	330ml	建議定價	105 元	酒精濃度	6%	建議杯款	鬱金香杯或北台灣紀念杯
酒精濃度	5%			適飲溫度	6℃		
適飲溫度	6℃			香氣	Saison 酵母的	建議定價	105 元

「霸道」八十八顆芭樂籽啤酒

並非只用 88 顆芭樂

獨家
聯名款

與「八十八顆芭樂籽」樂團聯名合作的水果啤酒。採用純正天然的台灣芭樂汁來釀酒，味道絕對讓人會心一笑。樂團主唱阿強說：「八十八顆芭樂籽的目標一直是成為一個獨一無二的樂團。不管怎樣都霸道的走下去。這支啤酒蠻像我們的，怪，獨一無二，然後又甜美。本來想取名『芭道』，但實在太三八了，就變成『霸道』了。」

酒標設計　「酒標裡有太空人，有星球，也有太空梭，希望這支酒不要說在台灣，就算放到世界，就算是丟到太空裡也獨一無二。就是這樣霸道。」（樂團主唱阿強親自解說）

類型	水果啤酒	香氣	濃郁芭樂香氣
原料	比利時 & 美國麥芽、台灣芭樂汁、糖、歐洲啤酒花、美國酵母、水	外觀	乳黃色
		酒體	輕淡
		苦度（IBU）	10 IBUs
		上市年份	2016 年
內容量	330ml	建議杯款	皮爾森笛型杯或北台灣紀念杯
酒精濃度	4.5%		
適飲溫度	6℃	建議定價	105 元

＜蘋行宇宙＞蘋果啤酒

酸甜可人的女孩系啤酒

獨家
聯名款

「女孩與機器人」樂團主唱Riin非常喜歡椎名林檎，而日文漢字「林檎」就是蘋果的意思，發音「RINGO」也跟台語一模一樣，把蘋果納入釀酒的配方裡再恰當不過。蘋果是相當討喜的水果，不管跟什麼水果都很搭，不會掩蓋彼此的特色，還能互相襯托，酸酸甜甜的滋味也非常符合女孩與機器人的音樂調性。

酒標設計　配合專輯「平行宇宙」取諧音為「蘋行宇宙」，英文apparallel universe也詼諧地改為parallel。從平行變成蘋行，源自Riin對椎名林檎（蘋果）的熱愛以及對宇宙運行的迷戀，蘋果取代了太陽，成為太陽系的中心，原本繞著太陽運轉的行星則化為啤酒泡沫。

類型	水果啤酒	香氣	蘋果香氣
原料	比利時 & 美國麥芽、蘋果汁、歐洲啤酒花、美國酵母、水	外觀	深黃色
		酒體	輕淡
		苦度（IBU）	11 IBUs
		上市年份	2016 年
內容量	330ml	建議杯款	皮爾森笛型杯或北台灣紀念杯
酒精濃度	5.5%		
適飲溫度	6℃	建議定價	105 元

日光紫米啤酒

適合日光浴的暢快感

獨家
聯名款

八里雲門劇場大樹書房獨家販售。「日光」此名源於當地日光充沛，看山又看海，林懷民老師想像著大家在陽光下暢飲之故。知名舞作「稻禾」則讓釀酒師心生「以米釀酒」的想法。紫米既為台灣原生種，主要又在台灣東部種植，恰與舞團年年在花東地區表演相互呼應，使用產自花東的紫米來釀酒，最貼切不過。

酒標
設計　既添加紫米，自然以紫色為主色。除了象徵穀粒的圖案設計，手寫字亦強調了精釀啤酒的手工精神與手感特質。

類型	Alternative Grain Beer	香氣	紫米香氣
原料	比利時 & 美國麥芽、紫米、歐洲啤酒花、比利時酵母、水	外觀	深黃色
		酒體	中等
		苦度 (IBU)	14 IBUs
		上市年份	2015 年
內容量	330ml	建議杯款	鬱金香杯或北台灣紀念杯
酒精濃度	5%		
適飲溫度	6℃	建議定價	160 元

窩啤酒

以台灣檀木香氣為點綴

獨家
聯名款

窩台北整間店的室內裝潢皆以木頭為主調，希望營造出沉穩溫暖的風格，為了讓這款獨家聯名款啤酒同樣能夠延續此一木質特色，選用具特色香氣的台灣檀木，再搭配美國啤酒花散發的柑橘香氣，作為點綴。

酒標
設計　作為第一款專屬woo-life的啤酒，除了直接使用窩台北woo-life的LOGO，也將文字資訊「No.1」融入設計中。

類型	Spiced Beer	外觀	深黃色
原料	比利時 & 美國麥芽、美國啤酒花、台灣檀香、比利時酵母、水	酒體	中等
		苦度 (IBU)	26 IBUs
		上市年份	2015 年
		建議杯款	鬱金香杯或北台灣紀念杯
內容量	330ml		
酒精濃度	6%	建議定價	250 元
適飲溫度	8℃		
香氣	檀香		

五啤酒

獻給 Hop Head 的苦啤

獨家
聯名款

W Hotel獨家販售。W Hotel總經理酷愛精釀啤酒與啤酒花的味道，是最標準的Hop Head（苦啤酒愛好者），有鑑於台灣人多半不喜歡苦啤酒，認為啤酒苦就是難喝，為了推廣台灣精釀啤酒運動，並讓W Hotel成為飯店界裡的精釀啤酒先驅，以此角度與北台灣合作研發。五啤酒的命名取自W Hotel裡的酒吧WOO BAR諧音。

酒標設計：以歡樂的泡泡做為代表，並以品牌代表色桃紅色與銀色出發，意謂在W Hotel最美好的時光就是品嘗五啤酒，沉醉在歡愉的氣泡裡。

類型	IPA	外觀	深黃色
原料	比利時＆美國麥芽、美國啤酒花、美國酵母、水	酒體	中等
		苦度（IBU）	40 IBUs
		上市年份	2014 年
內容量	330ml	建議杯款	品脫杯或北台灣紀念杯
酒精濃度	6.2%	建議定價	350 元
適飲溫度	12℃		
香氣	柑橘香氣		

LOBS 甘露啤酒

甘甜的公益啤酒

獨家
聯名款

小麥的優雅，結合慕尼黑麥芽烘焙的風味，再加上嘉義紅甘蔗的甘甜，帶出龍眼乾、甜核桃與生可可豆多層次的豐富滋味。「甘露—Love of Bitter & Sweet-LOBS」為愛而生，這是一款以愛為名的啤酒，銷售後部份淨利將捐作慈善公益，啜飲的每一滴都是感動。

酒標設計：三滴水代表三樣主原料，甘蔗、慕尼黑麥芽、小麥，也代表了雨水、汗水、淚水。雨水是天降甘霖滋養大地，汗水是辛勤細心耕耘，淚水是感動溫暖人心。

類型	水果啤酒	香氣	甘蔗、烤麵包香氣
原料	比利時＆美國麥芽、台灣甘蔗汁、歐洲啤酒花、比利時酵母、水	外觀	琥珀色
		酒體	中等
		苦度（IBU）	17 IBUs
		上市年份	2016 年
內容量	330ml	建議杯款	小麥啤酒杯或北台灣紀念杯
酒精濃度	5.5%	建議定價	155 元
適飲溫度	6℃		

台灣／新北

金色三麥
Le blé d'or

text 李蘋芬 │ photo 雷昕澄 │ 影像提供 金色三麥

公司成立於　2004 年 05 月
酒證核發於　2004 年 07 月
第一家門市　2004 年
第一支酒上市　2004 年

ADD　241 新北市三重區重光街 1 號
TEL　02-7716-5678
FB　金色三麥

金色三麥 LOGO 設計

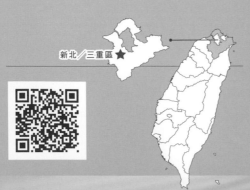

新北／三重區 ★

永遠以「黃金麥芽」釀造的原漿現釀啤酒

執行長葉冠廷

2016年五月，金色三麥的蜂蜜啤酒再度以台灣龍眼蜜揉和濃郁的麥芽糖香氣，征服世界啤酒大賽（World Beer Cup®，WBC）評審的心。幕後推手是金色三麥執行長葉冠廷，身為第一代釀酒師，2002年一頭栽進精釀啤酒的世界，十多年來，與團隊齊心協力，打造專屬台灣在地風味、又能與歐美爭鋒的啤酒，如今已傲然坐擁一整牆的獎牌。

十八歲那年，葉冠廷在溫哥華遇見生命中的第一支精釀啤酒，與大量釀造的商業啤酒截然不同的口味，層次繁複又充滿個性，都讓他非常驚豔。回台灣後，偶然機緣接手父親買下的一間位於汐止的小酒廠，雖然設備是手動閥門，鐵皮屋的環境不夠完善，即使「精釀啤酒」一詞對當時的台灣來說無比陌生，葉冠廷卻已決心引進它的美好，也讓金色三麥成為台灣最早創廠的精釀啤酒品牌之一。

到底為什麼如此鍾愛精釀啤酒？葉冠廷笑答，每一款精釀啤酒都藏著一位

002

Made in

Taiwan

釀酒師的故事，蘊含著等待品飲者發掘的個性，是人和人之間交往、聊天的最佳媒介，「我們不只喝酒，還能聊手中的啤酒！」而在早期台灣精釀啤酒產業剛起步的時代，「craft beer」一詞並無明確翻譯，「鮮釀」、「精釀」、「手工」不一而足，金色三麥乾脆創造了「現釀啤酒」，讓所有人耳目一新。

海內外嚐百草　追求最佳精釀啤酒

　談起草創期的種種嘗試、實驗與挫折，葉冠廷眉飛色舞的模樣，還看得見多年前勇敢創業青年的影子，當年初生之犢的青澀與衝撞，逐漸淬煉得淳厚，豪邁性格和爽朗笑聲更帶來一屋子的歡快氣氛。

　這些年，他將創業路上的失敗與艱難，點滴釀成醇美的啤酒。曾多次飛往世界各地研習釀酒技術，主要在加拿大與德國巴伐利亞區的酒廠學藝，也參加北京國際啤酒研討會。從加拿大音樂學院畢業才接觸精釀領域，他曾被國外大廠的釀酒師嚴格審視，也曾因當時年產量僅600公石而在面對設備廠商時開不了口，但正是在反覆的釀製、試驗、修正與出國進修的過程中，一步步累積經驗，讓自家品牌更符合大眾的口味，品質也更穩定。

　尋找合適的酒瓶蓋，意外地成為釀酒之外的挑戰。葉冠廷說，最初十分中意德國傳統工法燒製的陶瓷瓶蓋，訂購了數萬枚，收貨後卻全是NG品。轉而向中國製造廠直接訂購，又因為摻入其他雜質而影響品質。尋尋覓覓，終於敲定法國製造的白色塑膠瓶蓋，雖然是塑膠，卻擁有陶瓷般細膩光滑的質

感。而這千里追尋而來的獨特瓶蓋，今日已成為金色三麥的正字標誌。為什麼不簡單些、使用一般的金屬瓶蓋就好？葉冠廷說，因為「這瓶蓋撐起了金色三麥的品牌」，獨樹一幟的特殊設計也確實是許多愛酒人購買金色三麥瓶裝啤酒的理由之一。

現釀的世界冠軍

葉冠廷希望釀出與其他人不同、具有高貴氣質的啤酒，秉持將有「故事」的精釀啤酒帶進台灣的熱忱，2009年第一次參加日本國際啤酒大賽（International Beer Cup, IBC）就獲得金賞、銀賞的殊榮，蜂蜜啤酒也屢次獲得最高人氣獎。2014年首次出戰有「啤酒奧運」之稱的世界啤酒大賽（World Beer Cup®，WBC），更一舉奪下蜂蜜類啤酒金牌殊榮，擊敗來自世界各地的數百家競爭者，更打響了金色三麥蜂蜜啤酒的名聲。

「WBC最大的挑戰是，參賽前兩個月就要送出參賽啤酒，相當考驗啤酒的穩定度。」以精益求精的工藝製成的啤酒，得經得起時間的考驗，不變質、不變酸，才能成為愛酒人的寵兒。這幾場遠征，也促使葉冠廷不斷追求更穩定、更高品質的精釀啤酒。

其實，精釀啤酒在精不在多，以橫掃世界各大賽的蜂蜜啤酒為例，葉冠廷堅持採用台灣特有的龍眼蜜釀製，不同於歐美蜂蜜啤酒使用的柑橘蜜，傳統中翻出新意。龍眼蜜一年的花期不滿四星期，近年全球蜂蜜產量銳減，也曾遇到大雨影響收成，但純正龍眼蜜如麥芽糖般清甜甘美的風味，以及濃郁的花蜜香，都是葉冠廷的堅持。精釀啤酒八大工序如碾麥、糖化、分離、煮沸、冷卻、發酵、品管、填充等每一個環節，無一不細心照顧。

季節款「辦桌皮爾森啤酒」放了台灣常見的九層塔，以獨特工法萃取香氣後，再融入清爽的皮爾森啤酒裡。

2 質感極佳的瓶蓋，是葉冠廷花費極大功夫才覓得的。

　　回顧當年創立餐廳，走上餐酒合一的複合路線，「其實是沒路走了，只好找出路。」葉冠廷坦承最初開餐廳是誤打誤撞，沒想到成為金色三麥的特色。更重要的是，許多未接觸過精釀啤酒的人，都因此品嘗到精釀工法的個性與滋味。當年自己親自下海主持如「一元啤酒」試飲活動，再透過部落客的分享、推薦，終於逐漸拓展客群，打亮知名度。也因為堅定維持著產品的品質與獨特性，Costco主動邀請葉冠廷提供瓶裝啤酒上架販售，從最早的兩公升企鵝瓶到現在的一公升玻璃瓶，都證明了金色三麥啤酒的獨一無二。

有故事的季節限定款

　　讓自家啤酒「喝下第一口就有punch（力量）」是葉冠廷不懈追求的目標，季節性啤酒現已成為金色三麥的年度重要計畫，陸續推出紅棗啤酒、南瓜啤酒和蕎麥啤酒。研發季節限定款的一大靈感，來自台灣在地生產的原料和農民故事，例如「蕎麥啤酒」原料來自台南，慢火焙成蕎麥茶香，與金黃拉格交織出創新滋味。又如2016年夏天的季節限定款「港口男兒」，發想自屏東滿州鄉港口村特有的港口茶，與淡色艾爾（Pale Ale）撞擊出豔陽熾烈的南方海島風味，第一口就嘗得到港口茶的鹹味與濃厚的啤酒花香。

　　除了季節商品，想分享好啤酒的金色三麥還預計定期推出「做客啤酒」，

第一棒Baird Beer（BB）是釀酒師Bryan Baird與妻子創立於日本靜岡的精釀品牌，善用靜岡當季素材入酒，如柚子、蘋果、草莓、南瓜、梅子等。「BB的酒苦，是入門之後的進階款。」葉冠廷首推帝國IPA（Teikoku IPA），口感溫和但後勁強悍，含酒量7％至9％，就像「藏在含蓄外表下的澎湃之心」。

分享傳承　生生不息

　　有人說，葉冠廷是「門外漢釀酒」。從前的門外漢如今執掌年收八億的金色三麥，從生澀的品飲者到熟稔的製造者，他感性地說：「做精釀啤酒，讓我擁有欣賞任何事物的能力。」對酒類的熱衷擴及威士忌，「啤酒很多時候被當作休閒飲料，其實它和威士忌一樣複雜。」兩者都有繁複的釀製過程，成就獨特的氣息與口味，正如精釀啤酒打動他的是背後的故事與個性。

　　近年來，台灣精釀啤酒產業十分興盛，不少年輕人投入市場，打造自己的獨立品牌。「精釀啤酒是個喜歡互相分享的行業」，葉冠廷說，他未來想舉辦研討會，分享自己與精釀啤酒一路走來的苦澀與芳醇，藉著經驗傳承，讓台灣的精釀產業生生不息。

　　如何打動精釀啤酒的初試者？他旋即笑答：「批判找不到真愛，欣賞每一樣東西的好！」對他來說，精釀不僅成為一門藝術，一段韻味香醇、層次豐厚的故事，更打開了他欣賞萬物美的眼睛。●

蜂蜜啤酒

已拿下 10 面獎牌的自信之作

酒標
設計　金黃色象徵著蜂蜜啤酒酒體的金黃光澤，並以手繪的蜜蜂作為主要圖騰，希望傳遞嚴選台灣高品質龍眼蜜的標準，就如同蜜蜂採蜜一樣嚴格不苟。

類型	Specialty honey beer
原料	水、大麥芽、小麥芽、龍眼蜜、酵母、啤酒花
內容量	1 公升
酒精濃度	5 %
適飲溫度	4℃
香氣	淡雅的蜂蜜香甜果香
外觀	細膩的泡沫層，酒液呈淡金色，些許混濁來自於製程中無過濾保留的懸浮酵母。底部為微發泡感。
酒體	口感純淨，碳酸飽和度顯著，麥芽甜味為基底，混搭龍眼蜂蜜香氣，酸度溫和，甜味含蓄多層次，圓潤感高。
苦度（IBU）	8 IBUs
上市年份	2007 年
建議杯款	聞香杯
建議定價	298 元

金色三麥得獎常勝作品。共計拿下10面獎牌與高達5次的日本國際啤酒大賽（IBC）「最佳人氣獎」。嚴選台灣特有高品質龍眼蜜，鮮明的蜜香與麥芽甜香巧妙結合，散發濃郁的蜜香味，討喜易飲，極具餐酒配搭潛力。飲用時建議先含於口中，讓蜜香再次從喉頭上衝至鼻，芬芳風雅，再順口吞下，口感清爽且尾韻清香。獲獎紀錄：日本國際啤酒大賽（International Beer Cup）蜂蜜啤酒組2009年與2012年金賞、2013到2015年連三年銀賞，亞洲啤酒大賽（Asia Beer Cup）蜂蜜啤酒組2013年金賞，世界啤酒大賽（World Beer Cup）蜂蜜啤酒組2014年金牌與2016年銅牌，倫敦國際啤酒精英賽（International Beer Challenge）2015年銅牌與澳洲國際啤酒大賽（Australian International Beer Awards）2015年銅牌。

琥珀啤酒

2015 日本國際啤酒大賽銅牌

| 酒標設計 | 選用手繪整株麥芽作為標誌圖騰，以傳遞「麥芽與香花型啤酒花的完美比例」此一意涵，再搭配酒體的顏色（琥珀色），呈現傳統釀造工藝中最扎實的基本功，簡單即經典。 |

類型	Kellerbier
原料	水、大麥芽、酵母、啤酒花
內容量	1 公升
酒精濃度	5 %
適飲溫度	4℃
外觀	泡沫層較薄，酒液呈琥珀色。未過濾的酵母凝聚能力佳，使酒液具良好透光性。
香氣	麥芽香氣主導，伴隨焦香麥芽與啤酒花的細微香氣。
酒體	酒體厚度中等，表現甜潤的麥芽風味，風味內斂，兼顧了均衡與恰當的複雜度。
苦度（IBU）	10 IBUs
上市年份	2003 年
建議杯款	聞香杯
建議定價	278 元

日本國際啤酒大賽（International Beer Cup）Kellerbier組2009年銀賞與2015年銅賞、International lager beer組2014年銅賞之作。琥珀色的經典款拉格，嚴選進口優質麥芽與著名的德國哈勒道香花型啤酒花，配合底層酵母低溫發酵，有著純淨又集中的麥芽與酒花香氣，喝得出釀酒師精心調配，希望表現麥芽與香花型啤酒花之間完美比例的心意。酒花的苦韻相對較弱，風味以麥芽香氣主導，一如烤土司與麵包。

黑麥啤酒

2015 日本國際啤酒大賽金牌

酒標設計 以手繪的整株麥芽作為標誌圖騰，呈現傳統釀造工藝的精神；顏色為了呼應巴伐利亞巧克力麥芽帶來的特殊焦糖味及咖啡苦韻，配搭深棕色，以表現此款酒沉穩有深度的口感。

類型	European-style Dark lager
原料	水、大麥芽、小麥芽、酵母、啤酒花
內容量	1 公升
酒精濃度	5 %
適飲溫度	4℃
外觀	顏色為深棕色，泡沫綿密細緻，自然形成的碳酸感使泡沫帶有些微淺棕色。
香氣	焦糖與烘焙麥芽香氣，香氣中等，與入口風味有連結且平衡。
酒體	入口沙卻優雅，酒體中等，順口易飲。
苦度（IBU）	10 IBUs
上市年份	2003 年
建議杯款	聞香杯
建議定價	278 元

2012年日本國際啤酒大賽（International Beer Cup）Kellerbier組銀賞、2015年日本國際啤酒大賽European-style Dark/Munchner Dunkel組金賞、2016年澳洲國際啤酒大賽（Australian International Beer Awards）Other Amber / Dark Lager組銅牌。選用德國著名的巴伐利亞巧克力麥芽，烘焙後的深色麥芽有著濃郁的焦糖與煙燻味，口感層次豐富，餘韻中帶有含蓄的咖啡苦韻。類型屬於 Schwarzbier 德式深色拉格啤酒（Schwarz是德語黑色的意思）。

德式小麥啤酒

2014 歐洲啤酒之星大賽銀牌

酒標設計　以淺褐色代表淺烘焙的小麥芽，搭配手繪的小麥及麥稈圖騰，期望傳遞此款啤酒是遵循最正統的德式釀造工法，並以優質麥芽入酒的挑剔及堅持。

2014年歐洲啤酒之星大賽（European Beer Star）South German-style Hefeweizen Bernsteinfarben組銀牌。以德式傳統釀造工藝釀造，使用上層發酵的愛爾酵母，為一款傳統的巴伐利亞風味小麥啤酒。內含豐富的蛋白質和懸浮酵母，使酒體如日出雲霧般濃郁，並呈現雪白濃厚的泡沫層。風味帶有濃郁香蕉香味及些微的丁香味，口感濃醇又清新。

類型	South German-Style Hefeweizen
原料	水、大麥芽、小麥芽、酵母、啤酒花
內容量	1 公升
酒精濃度	5.5 %
適飲溫度	4℃
外觀	綿密的泡沫，色澤較一般小麥啤酒來得深，酒體略帶淺琥珀光澤。
香氣	因發酵而產生的酯類香氣討喜可人，為撲鼻的香蕉氣息。
酒體	入口碳酸活潑動感，酒體柔順厚實飽滿，甜潤具稠密感。
苦度（IBU）	8 IBUs
上市年份	2014 年
建議杯款	小麥啤酒杯
建議定價	298 元

台灣／新北

哈克釀酒
Hardcore
Brewery

text 蔡蜜綺 ｜ photo 張藝霖 ｜ 影像提供 哈克釀酒

公司成立於　　2013 年 01 月
酒證核發於　　2014 年 05 月
第一支酒上市　2014 年 05 月

ADD　242 新北市新莊區新樹路 207-28 號
TEL　02-2204-1455
FB　Hardcore Brewery

哈克釀酒 LOGO 設計

新北／新莊區 ★

順口為王道的
hardcore 生啤

創辦人陳銘德

Made in
Taiwan

美酒總和音樂脫不了關係，這個特點在「Hardcore Brewery哈克釀酒」更得到了明證。

從生活中觀察　勇敢創業

Nickolas（陳銘德）是哈克的靈魂人物，喜歡玩電吉他手的他，投入精釀啤酒的原因不像其他釀酒師是興趣使然，而是靠觀察起家。

Nickolas原本學的是工業工程，亦即製造、生產管理、設施規畫和物流，畢業後從事本行，承做企業端的專家系統、採購系統等分析與決策資源之收集，閒暇時玩音樂做為消遣。然而，這樣的工作最麻煩的地方就是必須接觸企業裡的各個部門，對方的配合意願通常不高，使得工作窒礙難行。所以Nickolas也像其他上班族，下班或假日常跑夜店、熱炒店，和朋友喝酒哈拉紓解壓力。就在這段時間，Nickolas發現喝酒這件事，不管景氣好壞大家都會做，從熱炒店總是一位難求的盛況，他認為走這條路應該不錯。

Nickolas趁著上班空檔跑去上釀酒課，走進了釀酒的世界，也發現釀酒其實蠻好玩的。他上網購買國外設備，入手一堆相關書籍，開始在自家廚房玩起自釀。當年他老為了搶廚房用，被媽媽念了不下數十次。Nickolas笑著說：「我最常聽她說的是『你玩夠了沒？我要煮飯了』。不然就是『偷釀酒早晚被罰錢』。」

玩自釀時期，Nickolas在Facebook結識了五名同好，六個人後來共同成立「自釀啤酒狂熱份子俱樂部」社團，社團至今仍然蓬勃發展。在家自釀了幾次後，Nickolas決定創業設廠。他不像一般人先把產品準備成熟，而是想做就做。他認為，當時很少人從事精釀啤酒，必須盡快投入搶得先機，產品可以上市後邊賣邊調整，如果等到準備完善後才開始，到時競爭者一多，即使產品再好，利潤也相當有限。

水水槽

分工合作　團結力量大

　　開工廠不像自釀，除了產量極劇增加，還有一大堆諸如審查、行銷、工廠管理等等瑣事，不可能單靠個人力量。

　　於是Nickolas找來朋友，一共四個人通力合作，合力創辦了「Hardcore Brewery哈克釀酒」。除了Nickolas，還有阿宏、阿凱和小毛，當時四人集資一百萬成立公司，花了一年半整建籌備廠區。

　　位於新莊的廠房，前身原為印刷廠，Nickolas一行人接手之後，拆除夾層，將空間刷成白色，完全按照食品廠的標準來規畫。整體動線是標準的「一」字型，中間是走道，糖化槽、發酵桶依序在兩邊排列齊整，也事先預留維修通道。雖然現有規模只能算是小廠，但規畫得宜，各路管線亦已事先布局，有需要的話，隨時都能增添設備。

　　四位創辦人各有專長，Nickolas笑說：「阿宏的釀酒資歷最早，這是他的強項；阿凱擅長機器設計開發，小毛是位魔術師，而我最會的是聊天。」所以在創辦之初，阿宏負責配方設計與釀酒製程，Nickolas一起釀並負責業務與採購，阿凱和小毛幫忙。

　　2014年，兩款產品「酒花使徒」和「夏景乍現」正式上市。後來因為團隊有了不同想法，現在是由Nickolas負責釀酒以及公關與行政，阿凱一起釀同時處理客戶服務，小毛則是幫忙；至於阿宏雖說另有發展，但仍然維持著股東的身分。

　　當然，創立一座釀酒廠，資本額一百萬是遠遠不夠的，大家其實還掏了不少錢借給公司。「實際投在裡面的錢大概有四、五百萬了吧！」Nickolas掐指算道。

硬派酒廠只出最好的酒

　　酒廠沒有雇用其他人，一切都由四個人分工，對於三位合作夥伴，Nickolas最讚賞阿宏，認為他的釀酒功力爐火純青，酒廠第一支產品「酒花使徒」便是他設計的配方，而且配方一做出來，就直接進工廠試車釀造，第一次釀出來的500公升，甚至還全部賣掉了！「酒花使徒」自然而然成為哈克的明星商品，支撐著酒廠的生產大計；另一款產品「夏景乍現」雖然不是阿宏設計的配方，但同樣經過他的改良潤飾，現在與「酒花使徒」並列為酒廠品牌大將。

　　談起自家啤酒的定位，Nickolas說一開始的方向就是設定「必須能幫客戶賺錢」。所謂能「賺錢」的啤酒，就是喝起來不會卡卡不舒服，酒精濃度就算比較高，酒味還是要隱藏得恰到好處，不致因為酒味太濃而喝不下去。正因為順順的，易飲性高，大多數客人喝完一杯之後，多半還會想繼續喝第二杯，「喝生啤的人不習慣看到杯子裡空空的，喝完了通常會再點一杯，不是嗎。」這樣源源不絕，就能賣出更多的酒，也幫客戶賺到了錢。

鍋爐室

Nickolas還說：「我們堅持設廠自釀，其實跟時下的自烘咖啡是同樣的道理。既然是自烘，為什麼要做不好喝的咖啡。用最好的原料烘出最好的豆子，再煮出最好的咖啡，這才是自烘咖啡的目的。我們釀酒也是。直接選用最好的啤酒花、最好的酵母，雖然進口的成本比較高，但這些原料的品質不但經過各種食品檢驗，而且都是最好的品質，用它們來做出最好的酒給客人，這就是我們想做的事情。」

信念堅定 踏實前進

酒廠取名「Hardcore」是朋友脫口而出的想法，這個字對玩音樂的人來說指的是「硬派」風格。四個人覺得自家酒廠夠「硬派」，所以一致同意沿用為名。無巧不巧，「Hardcore」也與Nickolas閒暇玩樂團的背景有了連結。倒是決定中文名時花了點時間，不論是「硬蕊」或「哈扣」的筆劃都不好，最後才終於敲定「哈克」。

相較於常見的瓶裝啤酒，哈克自成立以來一直是以20公升與30公升的桶裝生啤為主，路線相當不同。Nickolas坦言，雖然瓶裝的品牌辨識度高，但製程費工費時，即便他們的瓶裝設計早就安排妥當，但為了目前長期合作的餐廳和小酒館著想，為了不影響他們的生意，瓶裝即使上市也不會廣鋪通路，而會有所限定，消費者想喝哈克的啤酒，只能在有賣桶裝生啤的店家內暢飲，想買哈克的酒回家喝，也只能在這些地方才買得到。

哈克現今的成績是眾人通力投入的成果。Nickolas說：「現在有些釀酒廠的背景很雄厚，跟他們比起來，我們可以說是『很窮』的酒廠，但我們一步一腳印，賺到錢繼續投進公司，一點一滴升級設備，雖然我們『窮』，卻也一路經營到了現在，可見我們的方向沒有錯。而且可以走得更遠。」確實，兩款主力啤酒「酒花使徒」和「夏景乍現」的口感細膩且經典，即使近年精釀啤酒遍地開花，硬派的哈克依然在市場占有一席之地。●

1 「一」字型廠房動線流暢，擴廠彈性高。

酒花使徒 Hop Apostle

少見的柚香味美式淡愛爾

| 酒標設計 | 由台灣插畫家林虹亨繪製與設計的酒標充滿了個性，未來推出瓶裝產品時預定使用。（瓶裝上市日期未定）|

釀造過程中使用了大量的美式啤酒花並再次煮沸，以增進香味跟苦味，並讓酒體不會太苦，保持口感的平衡。「酒花使徒」跟傳統美式啤酒最大的不一樣是，傳統美式啤酒皆為柑橘味，「酒花使徒」則是柚香味。初入口時覺得苦，中段卻會有木質的香氣，真正入喉時則苦味消失，回甘。

類型	美式淡愛爾
原料	英國 & 比利時 & 德國麥芽、美國啤酒花、美國酵母、水
內容量	20 升／桶
酒精濃度	5.8%
適飲溫度	5 ～ 12℃
香氣	柚香味、熱帶水果香氣
外觀	琥珀色，泡沫維持度高
酒體	清淡
苦度（IBU）	50 IBUs
上市年份	2014 年 5 月
建議杯款	美式品脫杯
建議定價	依據各店家售價

夏景乍現 Suuuuuuummer Slam

清爽濃密的果香啤酒泡

酒標
設計　同樣委由台灣插畫家林虹亨繪製與設計，由於是適合夏天飲用的小麥啤酒，故以清涼的女孩意象為主視覺，配色也力求營造夏天的繽紛感。（瓶裝上市日期未定）

類型	Hefeweizen（德式小麥）
原料	英國 & 比利時 & 德國麥芽、德國啤酒花、美國酵母、水
內容量	30 升／桶
酒精濃度	5.8%
適飲溫度	5 ～ 12℃
香氣	香蕉味、丁香味
外觀	淡黃色，泡沫維持度極高
酒體	清淡
苦度（IBU）	15 IBUs
上市年份	2014 年 5 月
建議杯款	美式品脫杯
建議定價	依據各店家售價

使用大麥與小麥共同釀造而成的德式小麥風格啤酒，帶有丁香與香蕉的果香味，口感微甜不苦，高二氧化碳含量喝起來特別清爽，又有豐富的味道支撐。清爽中還有Cream的感覺。

「Suuuuuuummer Slam」一名的正確寫法需有七個u，因為是大家看John Cena摔角影片時獲得的靈感，WWE裡面的「Summer Slam」不但很棒而且唸時一定會把「Summer」的母音拖得特別長，故得此名。

台灣／新北

掌門精釀啤酒
Zhangmen
Brewing

text 周培文 ｜ photo 張藝霖 ｜ 影像提供 掌門精釀

公司成立於	2013 年 03 月
酒證核發於	2013 年 10 月
第一家門市	2014 年 07 月
第一支酒上市	2014 年 07 月

ADD 221 新北市汐止區大同路一段 237 號 11 樓
TEL 02-2647-7899
TIME 週一～週日 13:00-00:00
WEB www.zhangmenbrewing.com

掌門精釀啤酒 LOGO 設計

新北／汐止區

004

掌門精釀啤酒

Zhangmen Brewing

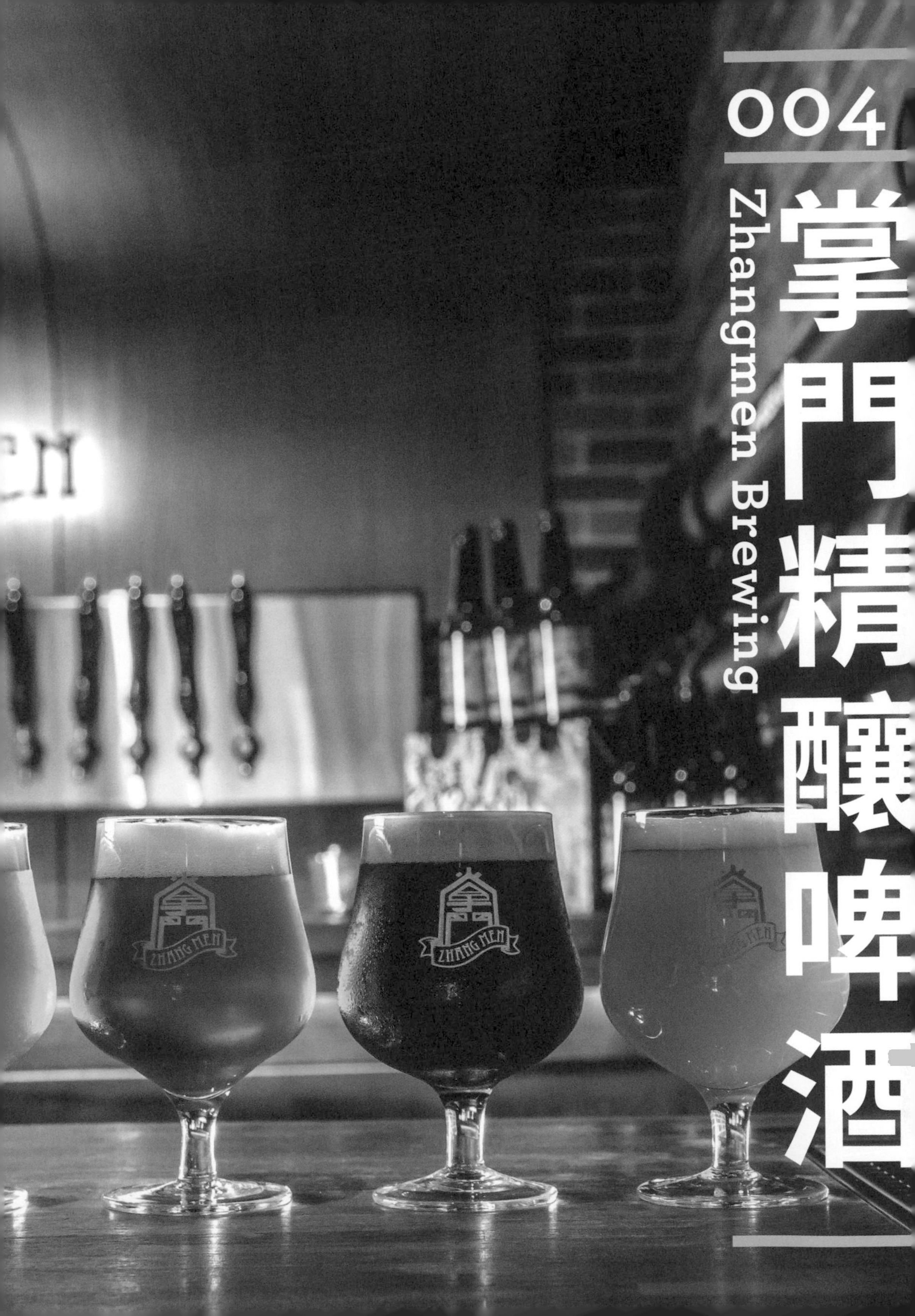

少量多款
勇敢又大膽的品飲想像

Patrick

Kevin

再怎樣不想用「科技新貴放棄百萬年薪追逐釀酒夢想」來形容掌門精釀的三位創辦人,他們原本的確是知名車用衛星導航的產品經理人。轉換跑道短短兩年就拿下2016年澳洲國際啤酒大賽(Australian International Beer Awards,AIBA)金牌與銅牌,可謂一鳴驚人。

從科技業到傳統產業的大轉彎

掌門永康店的裝潢相當男性化,輕工業風搭配啤酒管線、吧台式桌椅與總是播放體育節目的液晶電視,但到底是科技業出身,三位創辦人Patrick、Kevin與Rex打造的汐止釀酒廠與辦公室,簡單的隔間與光燦燦的照明,明顯透出科學園區氛圍。

三位掌門原是同事,長期到世界各地出差與參展,因此接觸到各國的啤酒,這才發現啤酒竟然如此多元,大夥兒組成了啤酒品飲會,一起開心暢飲。決定創業後他們展開為期半年的密集品飲,有主題、有意識、有目地的

004

Made in

Taiwan

1　台北永康店內共有十六支生啤拉把，一次提供十六種選擇。

品酒，研究了四五百款的啤酒。

　　一開始想做的是啤酒機，當時的他們只會喝，根本不了解釀酒過程，以為釀啤酒就像咖啡機一樣，按鈕就有啤酒可以喝。「後來才發現根本不是！」負責釀酒的Kevin大笑。

從頭學起　閉門練功

　　三個人都不是生化或食科背景，從單純品飲到實際釀造，只能從國外買書、請顧問等慢慢研究，又到輔大食品科學系上課，增加釀酒實作知識。

　　酒廠成立後的第一年單純釀酒與研發，在沒有任何收入卻得如實繳交煙酒稅的情形下，每天眼睛張開就是燒錢。一開始只有兩個小鍋子，純手動釀造，後來發現自釀與實際設備差太多，直接訂做100公升小型桶來釀。100升與未來的生產主力500升桶雖然容量不同，管線與動線卻沒有太大差別。

　　受限於製程，每次釀酒都得等上一個月才能驗收，不像咖啡可以馬上烘馬上試喝，修改了配方或流程後再次試驗，又得再等一個月。就這樣關起門研究了一整年，掌門才開始對外販售。

　　啤酒四大要素：麥芽、啤酒花、酵母、水可以組合成各種不同類型的啤酒，釀出成千上萬的風味。掌門則堅持科學化控管，確保品質。掌門的麥芽目前都從德國進口，畢竟製麥（浸泡、發芽、烘乾等）是一專業技術，麥子不是收成後就能直接釀酒。從國外購入酵母菌種後，則聘請專人在廠裡的微生物實驗室擴培，讓經過長時間運輸及海關滯留，活性已經降低的酵母，重新養到一定數量與活性後再投放。

　　打造廠裡各種釀酒設備也花了很多精力。掌門的釀酒設備由德國設計、中國製造後進口組裝，所有尺寸與細節都經過精密溝通與丈量，除了要符合需

求，還得注意廠辦的門、電梯、高度等，丈量考慮得不夠精密只怕連門都進不了，多如麻的瑣事可說非常辛苦。

精細製程一如科技練兵

當然，釀酒製程也須處處留意，物料投放後經糖化、過濾、煮沸、旋沉等步驟做成麥汁，再透過熱交換器迅速冷卻，並依據要做的種類降到所需溫度，過程需注意各種參數，五到七天的發酵期也要每天監測狀態，每個環節都不能輕忽。啤酒又最怕空氣，整個過程都要嚴格控管污染。釀酒以外的雜事更多，諸如停電、管線漏水、廠房淹水之類的事都是家常便飯。

不過掌門人說，釀酒難，創業更難，就連申請設廠的行政流程都很複雜，「目前酒廠歸國稅局管，可是食品業、餐廳又歸衛生署管，雖然開放民間釀酒，但相關的申請流程、法令規範等等都沒有改變。」

少量多款　大膽嘗試新口味

掌門選擇以「少量多款」的方式釀造，自我期許「為台灣人帶來更多更豐富的品飲經驗」。他們的釀酒桶比其他酒廠來得小，但幾乎天天釀，一週只保留一天做清洗，釀酒頻率遠高於其他酒廠。

不是沒想過一次多釀些，其實酒款少，對釀酒師與經營者而言更輕鬆，一個月只要釀幾天就能撐很久。但掌門還是希望消費者能品嘗到更多風味，自家酒廠也能多方嘗試新口味。

在口味方面，掌門目前分為兩大產品線，共十幾種口味。一為不輕易更改配方的經典產品，另一線則為創新口味，雖說創新，但國外已有人試過，只是掌門盡量使用在地食材，像是蜂蜜啤酒、咖啡啤酒等。

此外，掌門也試著開發極致特殊口味，例如老薑啤酒，不料釀好後大家都覺得像薑母鴨，自然也無緣問市。也試過火龍果口味，利用紅色火

龍果的天然色素和風味較低的特性，結合美式啤酒花香氣，做出適合女性的酒款，逢節慶推出。

自產自銷　一條龍嚴控品質

新鮮的啤酒人人愛喝，所有的酒廠也都想方設法減少因運輸過程造成的影響，提供最新鮮的原味。但台灣法令規定釀酒廠只能設在工業區，因此國外常見的修道院釀酒廠、古堡釀酒廠，甚至就在酒吧後方或地下室的「前店後廠」形式，現階段在台灣尚無緣落實。

因此，掌門的啤酒目前只以Keg桶裝生啤形式在自家店面供應，暫不走瓶裝零售市場，因為每多一個步驟就多一道污染風險。這也是很多酒廠遇到的問題，包裝、運送、保存……都要一一克服，也都有可能造成汙染。

除此之外，啤酒也非常害怕溫度變化，最好就是全程冷藏，這也是掌門決定開店的原因，希望提供新鮮安全的啤酒，確保整個運送及保存都在掌控之中。

以「掌門」自期　火力全開

從品酒人變成釀酒人，三位掌門以前僅著墨風味、酒體的分析，現在會思考酒是怎麼釀的、推敲配方、猜測缺陷的成因。喜歡的酒款也從一開始的比利時啤酒，後來覺得英式酒也不錯，再到美式的如IPA、Stout……。「但回歸到經典基本款時，反而又有新的體悟，有點像見山又是山的狀態。」這是釀酒師Kevin的心路歷程。而Patrick自始自終都深陷Stout的世界無法自拔，掌門的酒也一定都會經過他的品測。

自從拿到AIBA金牌後，得獎的「X教授」和「柒拾肆-加強版」在兩天內賣光光，讓掌門人更具信心，未來打算更積極參與國際賽事。雖然釀酒時程一時趕不上銷售，但酒廠生產線火力尚未滿載，短時間不會擴編。主力會先放在展店，目前已有台北、高雄與台中三家分店。

問創廠至今是否曾經因疲累而厭倦，三位掌門人都認為還早。「厭倦是等到沒有事情可做了才會厭煩，但現在我們要做的事情還非常多，光是原物料的探索就非常浩瀚，都還在摸索階段，還有很長的路要走，哪有可能厭倦。」Kevin語重心長。

正如當初之所以取名為「掌門」，除了大家都喜歡武俠小說，覺得在走向國際時，要有個帶有自身文化特色的名字之外，更多是因為江湖裡眾多門派各勝擅場，既以掌門自我期許，全力以赴直至巔峰，不在話下。●

55% 小麥

酒如其名高達 55% 比例的小麥

此款德式小麥啤酒遵循巴伐利亞傳統釀造配方，使用高達55%小麥麥芽釀造，並搭配大麥麥芽作為平衡，選用的啤酒花則是德國的貴族啤酒花品種「哈拉道」（Hallertau）。口感輕盈滑順，酒花風味溫馴苦味低，非常適合剛入門又怕苦的人。

類型	Weissbier（德式小麥）	風味	入口滑順如同奶昔，苦味極低，尾韻微酸
原料	麥芽、啤酒花、酵母、水	酒體	輕盈並帶中高的碳酸感
內容量	小杯 200ml 大杯 470ml	苦度（IBU）	11 IBUs
酒精濃度	5.2%	上市年份	2016 年 3 月
適飲溫度	4 ～ 10℃	建議杯款	小杯啤酒杯或掌門紀念杯
香氣	鮮明的香蕉酯和小麥帶來的輕微麵包香氣	建議定價	小杯 150 元 大杯 320 元
外觀	酒色呈金黃色，酒帽呈白色，泡沫持久性高		

性感炸彈

瞬間香氣 + 亮麗色澤的炸彈

以美式啤酒花香氣作為主導，同時融合小麥啤酒的滑順口感，入喉時則會明顯感受到柑橘香，此類組合一直以來都非常受到歡迎。而金黃色的亮麗色澤外觀，以及美式酒花雖潛藏在內卻能讓香氣瞬間蹦發，雙雙讓人聯想到來自國外的金髮美女，故名「性感炸彈」。

類型	American Wheat Beer（美式小麥）	風味	美系啤酒花的柑橘香與小麥的麵包香，苦味極低
原料	麥芽、啤酒花、酵母、水	酒體	適中，帶有綿密滑順的觸感和明顯的碳酸感
內容量	小杯 200ml 大杯 470ml	苦度（IBU）	9 IBUs
酒精濃度	5.3%	上市年份	2016 年 4 月
適飲溫度	4 ～ 10℃	建議杯款	小杯啤酒杯或掌門紀念杯
香氣	明顯的美系柑橘類啤酒花香氣	建議定價	小杯 150 元 大杯 320 元
外觀	淡黃色，略為混濁，泡沫綿密持久		

柒拾肆 - 加強版

2016 年澳洲國際啤酒大賽銅牌

2016年澳洲國際啤酒大賽（Australian International Beer Awards）美式印度淡愛爾組銅牌。近幾年IPA浪潮由西方襲捲到台灣，為了讓原本IPA狂放不羈的風味收斂至符合東方飲食文化，釀酒師經過「柒柒肆拾玖」天埋首研發，加入更多啤酒花，不但讓原版「柒拾肆」酒款得以重見天日，更將原版推升至酒花天堂。

類型	American IPA（美式印度淡愛爾）	風味	焦糖麥芽的甜味支撐著中等的啤酒花苦韻
原料	麥芽、啤酒花、酵母、水	酒體	中至低，碳酸感適中
內容量	小杯 200ml 大杯 470ml	苦度（IBU）	53 IBUs
酒精濃度	6.6%	上市年份	2016 年 5 月
適飲溫度	7～10℃	建議杯款	品脫杯或掌門紀念杯
香氣	荔枝、熱帶水果、柑橘、花	建議定價	小杯 170 元 大杯 380 元
外觀	深金黃色、泡沫持久性中等		

雙重花惹發

Double IPA 的重磅酒花

若你已經愛上IPA撲鼻而來的酒花香氣，怎能不愛上Double IPA更加暴力的酒花炸彈。蜂擁而出的啤酒花香氣，入口延綿不絕的苦韻，隨後湧現的酒精作用力，一直都是Double IPA的特色所在；這一款Double IPA的特殊在於以極高的麥芽甜味作為平衡，掩蓋了其後的酒精感，是一不小心就會被擊倒在地的重磅出擊。

類型	Double IPA（雙倍印度淡愛爾）	風味	啤酒花苦味被麥芽甜味覆蓋，尾韻略帶可辨的酒精感
原料	麥芽、啤酒花、酵母、水		
內容量	小杯 200ml 大杯 470ml	酒體	中等，碳酸感適中
酒精濃度	9.2%	苦度 (IBU)	98 IBUs
適飲溫度	7～10℃	上市年份	2016 年 6 月
香氣	青草、強烈的柑橘香氣、熱帶水果、焦糖	建議杯款	聞香杯或掌門紀念杯
外觀	清澈紅銅色，泡沫持久性中等	建議定價	小杯 150 元 大杯 320 元

老菸槍

濃厚又強烈的煙燻培根

使用大量煙燻麥芽賦予啤酒濃厚的煙燻培根風味，並搭配深色麥芽使其帶有咖啡般的烘烤味。雖然此「煙」非彼「菸」，強烈的煙燻氣味絕對讓人印象深刻。

類型	Smoked Beer（煙燻啤酒）	風味	豐富的煙燻和深色麥芽風味
原料	麥芽、啤酒花、酵母、水	酒體	中，碳酸感中度
內容量	小杯 200ml	苦度 (IBU)	38 IBUs
酒精濃度	8%	上市年份	2016 年 4 月
適飲溫度	7～10℃	建議杯款	品脫杯或掌門紀念杯
香氣	培根、煙燻、咖啡、些許可可	建議定價	小杯 200 元
外觀	深褐色接近黑色，泡沫少，酒帽呈咖啡色		

X 教授

2016 澳洲國際啤酒大賽金牌

榮獲2016年澳洲國際啤酒大賽（Australian International Beer Awards）帝王司陶特組金牌肯定的代表作。麥芽風味明顯，並帶有巧克力和咖啡的焦香與苦香，深受喜歡厚重風味的酒迷推崇。帝王司陶特風格的啤酒向來以深沉內斂、深具層次為特色，由於酒體醇厚濃烈，色澤也逼近漆黑，一如英雄電影中X教授的角色特質，故命名為「X教授」。

類型	Imperial Stout（帝王司陶特）	風味	豐富的深色麥芽香氣，搭配厚實黏膩的口感與極度鮮明的苦味
原料	麥芽、啤酒花、酵母、水		
內容量	小杯 200ml	酒體	高，碳酸感低
酒精濃度	9.3%	苦度（IBU）	59 IBUs
適飲溫度	12～14℃	上市年份	2016 年 3 月
香氣	咖啡、可可、烤焦的味道	建議杯款	聞香杯或掌門紀念杯
外觀	黑色，酒帽呈咖啡色，泡沫持久性差	建議定價	小杯 200 元

台灣／桃園

紅點手工鮮釀啤酒
Redpoint Brewing Company

text 張健芳 ｜ photo 雷昕澄 ｜ 影像提供 紅點

公司成立於	2013 年
酒證核發於	2015 年 10 月
第一支酒上市	2013 年 04 月

ADD 桃園平鎮市民族路雙連二段 118 巷 53 弄 31 號

FB 紅點手工鮮釀啤酒 Redpoint Brewing Company

紅點手工鮮釀啤酒 LOGO 設計

紅點手工鮮釀啤酒

Redpoint Brewing Company

Redpoint Brewing Company

像攀岩般不斷練習，
直到釀出完美的啤酒

005 Made in Taiwan

「一開始只是想釀點啤酒來喝，沒想到最後開了一間啤酒廠。」紅點的Doug和Spencer一講起啤酒，就算是用中文都流利得不得了。

兩個人原本是英式橄欖球球友，來台皆已多年，2012年Spencer覺得當時在台灣喝到的啤酒無聊透頂，索性在自家廚房研究，玩起了自釀。

從一開始的20公升釀到100公升，設備克難不要緊，把浴缸當成冷卻槽也沒什麼，兩個人最著迷時一星期可以釀兩三次，釀太多喝不完就拿去請客，做中學，學中做，失敗的啤酒倒進水槽，成功的啤酒倒入球友的喉嚨，激烈運動後每個人都不挑嘴，而且很能喝。

Spencer

從網路自學到籌資創業

那時候，兩個完全沒有釀酒背景的素人掛在網站上請教專家，美國的啤酒社群非常友善開放，再怎麼寶貴的經驗也不藏私。小廠不把其他小廠視為競爭對手，反而是氣味相投的盟友，聯手對抗惡魔黨般的商業啤酒大廠。

在朋友圈闖出名聲後，有位擁有十幾年自釀經驗的朋友建議他們何不商品化？在手工啤酒蔚為風潮的美國，開一家小啤酒廠就像開間麵包店一樣稀鬆平常，總有一天這股風潮會吹到台灣來。

兩個人認真討論了好幾個月，最終辭掉工作，正式創業。雖然首次募資不如想像中順利，但他們先拿配方找酒廠代工，累積經驗和口碑，越玩越大，終於成功籌資，在2015年創辦了自己的啤酒廠。

Doug曾在德州儀器服務，一直待在科技業，有著「問題解決導向」的工程師性格，擅長研究、計畫、實行、調整。Spencer學的是政治，在台灣和中國大陸都念過書，政大外交研究所畢業後任職於軟體公司，多虧了他翻譯厚達百來頁的中文規章流程，才順利通過主管機關所有的申請和檢驗。

DIY 就是釀酒師的超能力

不過，兩人之前都是藏在電腦螢幕後的白領，搖身一變成為動手實作的釀酒師，難道不會不適應嗎？Spencer說：「就是厭倦被關在冷氣辦公室裡，渴望用雙手為自己工作，所以才創業。」Doug表示，不像台灣人只需打一通電話，十指不沾陽春水，美國人工昂貴，地廣人稀，與其等技師終於有空上門服務，不如自己學著DIY修車、修屋頂、修水管、修馬桶，自立自強。

因此對他們而言，捲起袖子自己畫設計圖、組裝機器，出了問題時一一排除各種可能性，親手修鍋爐、修馬達、修漏水、修管線，完全理所當然。再說釀啤酒在台灣是新玩意兒，想花錢解決還不一定找得到人幫忙。

可想而知，目前酒廠裡的一切都由兩人親自上陣，完全不假手他人，從碾麥、裝瓶到清潔，徹底實踐著精釀啤酒的「手工」職人精神。

不斷練習直到完美的「紅點」精神

熱愛攀岩的兩個人，全台灣最愛的地方是攀岩聖地龍洞，品牌名稱「Redpoint」其實就是攀岩術語，意指在一次次攀岩中不斷練習，直到一次完美地攻頂，拿下「Redpoint」。就像他們在開發第一支酒「台.P.A.」時，前後試驗了整整八十次之多，不斷不斷地調整到完美。

未成年請勿飲酒

未成年請勿飲酒

未滿十八歲禁止飲酒

未滿十八歲禁止飲酒

兩個人玩自釀時的20公升設備，看得出「台灣製造」。

整天泡在啤酒裡，練舉重似地搬麥芽，多了點啤酒肚和強壯的二頭肌。啤酒和攀岩是人生中的兩大愛好，可惜一忙著釀啤酒，就沒空去龍洞攀岩了。他們坦承這一年來正處焦頭爛額的草創階段，唯一用得到攀岩繩的時候，就是垂降到鍋爐裡清洗卡住的麥芽渣。Doug笑著說：「要是我們吵架的話，我就讓Spencer掛在那裡久一點。」

當科學和藝術在酒桶中發酵

但是，精釀啤酒到底哪一點讓兩人如此樂此不疲？尤其從自釀走入了創業，自家啤酒放到市場上後，就跟別的產品一樣需要通路、資金、生產設備、行銷包裝，更別提每日重複勞動的辛苦。

Spencer有條不紊地說，釀造比之前多十倍乃至二十倍的啤酒，要想維持一致性，需要電腦計算。每個酒廠狀況不同，所有規則都只能參考。更不能依賴電腦，畢竟那只是工具，人的舌頭還是有機器無法取代的靈敏。

正因如此，釀酒時需要足夠的理性，就像在實驗室調配方，心如明鏡，很清楚知道自己想要什麼，對酒精度和苦度一絲不苟。但與此同時，釀酒還需要感性，想像口感、後勁、味道、層次，以及暢飲時的快感。而正是這樣雙重混融的特質，讓兩個人能夠將工程師的精準科學訓練，與對啤酒的熱愛徹底結合在一起，讓科學和藝術在一座座三噸半的酒桶裡卜卜冒著美味的發酵泡泡。

到底「通風良好」是多好？

紅點是第一間外國人在台灣成立的啤酒廠。兩人異口同聲，創業過程中，最困難的挑戰是和政府機關打交道。

Doug說：「隨便舉個例，法律規定通風排水要良好，那所謂的『良好』到底是多好？根本沒有詳細具體的規定，萬一我們投資下去，結果主管機關覺得不好，要怎麼辦？」

連主管機關都沒有經驗，沒有先例，不清楚細節，兩人摸著石頭過河，資金則一直在燒。只好不懂就問，帶著一肚子問題和筆記，像走自家廚房似的去政府機關報到，一逮到承辦人員就面對面問個清楚。

Doug

　Spencer強調：「其實主管機關不是不好，相反的，他們很棒，非常棒，不索賄不打官腔，樂於助人，只不過這對他們來說也是頭一遭，他們不知道他們不知道什麼。有我們當開路先鋒，以後流程可能會更順暢點。」

　一開始他們不知道主管機關的態度會那麼公開而友善，只敢打安全牌，先用自有資金成立最陽春的酒廠，通過檢驗，拿到執照後，再對外募資，買更好的設備，申請擴大經營。

　Spencer面有得色：「前幾天公務員來衛生檢查，說我們的啤酒廠是他們看過最乾淨的。」

用台灣人熟悉的味道介紹正統美式 IPA

　「台.P.A.」做為紅點的第一支酒，配方裡混和了大量的美國與日本啤酒花，是一款正統的美式IPA，苦味顯著。兩個人都清楚記得當初第一次在代工啤酒廠釀造時，酒廠裡的人以為他們算錯了啤酒花的份量，特別要他們再次確認。他們在介紹「台.P.A.」時則非常懂得如何一步步循循善誘。「你喝苦茶嗎？敢吃苦瓜嗎？」Spencer說：「你得先讓對方有心理準備，而不是把IPA直接丟給他。」

這支不被看好的「台.P.A.」市場反應超乎意外地好，也讓紅點扎穩了根基，得以一步步日漸茁壯。帶有香蕉和橘子香味的「龍洞」則是紅點另一暢銷作，這支拉格啤酒清涼爽口，完完全全符合盛夏海邊的意象。

　　研發酒款時，Doug和Spencer不刻意討好市場，或是擅自推測。他們引用史帝夫賈柏斯的概念「消費者不知道他們想要什麼」── 特別是引進一個新概念或新產品時。「我們釀造幾款自己也愛喝的好啤酒，總有一款你會喜歡的。」

「台 .P.A.」遠征英國飄香

　　Doug今年三月剛到英國參加「國際啤酒櫥窗」（International Brewery Showcase），這個活動由英國酒吧集團主辦，邀請各國釀酒師前往英國釀造富有當地特色的啤酒。Doug的時差都還沒調好就釀了三萬五千公升的改良版「台.P.A.」，一次就是紅點台灣酒廠的十倍，隔天再釀三萬五千公升，總共七萬公升，並在英國各地總共九百五十家酒吧販售。

　　短短三天內，Doug釀了啤酒，和大師級的知名釀酒師把酒言歡，還大大宣傳了紅點和台灣在手工啤酒界的形象。

品牌大過我們的名字

　　Doug和Spencer半路出家，釀啤酒本來只是興趣，最先的顧客多半是球友，透過人際網絡慢慢向外口耳相傳，大家總是先聽過兩人的名字，再認識紅點。

　　但這點正在改變。

　　Doug興奮回憶：「在我死之前，我都不會忘記這件事。前陣子有天我穿著紅點LOGO的T恤坐在酒吧裡，一個陌生的男人向我走來，隨口讚道：『紅點，很不錯，我超喜歡紅點的台PA！』而我完全不認識他，他也不知道台PA是我釀的……這表示我們的品牌知名度漸漸超過了我們本人的名字！」

　　他們認為台灣的精釀啤酒市場還有很大的潛力，只要多多舉辦試飲會、釀酒師見面會、座談會，大家就會越來越了解手工啤酒的魅力，精釀啤酒也會更普遍。Doug表示，也不過十多年前，美國人也是只喝大品牌的商業啤酒，但到了今天，沒有人不知道手工啤酒是什麼。

　　「其實，我不太在乎客人喝的是不是我們的啤酒，只要是在地生產的手工啤酒就好。」Doug說。

　　Drink local. Cheers. ●

推薦網站www.probrewer.com

2
Doug秀出手機裡英國酒吧幫紅點設計的「台．P.A」拉把照片，英國還主動放了國旗！

台.P.A India Pale Ale

不容小覷的旗艦級 IPA

類型	India Pale Ale
成分	麥芽（Pilsen 2Row, Wheat Cara, Aromatic）、啤酒花（Cascade, Sorachi Ace）、酵母、水
內容量	330ml
酒精濃度	5.8%
適飲溫度	6 ～ 10℃
香氣	充滿了啤酒花的滋味與檸檬香
外觀	銅金色
酒體	中等
苦度（IBU）	40 IBUs
上市年份	2013 年 4 月
建議杯款	美式品脫杯
建議定價	200 元

「台.P.A」是台灣第一支本土釀造的IPA，結合了來自美國與亞洲的原物料，以美國精選啤酒花卡斯柯（Cascade）和日本啤酒花（Sorachi Ace）的檸檬香增添苦味，釀製成濃度5.8%的最佳社交型啤酒。無論是大啖牛肉麵或在酒吧與好友暢飲，都是經典絕配。

龍洞窖藏啤酒
Long Dong Lager

再經典不過的滿滿 Saaz 酒花香

以美式手法大膽精釀的「龍洞」，好比其名字的由來——龍洞硬石崖壁——只要願意攀爬嘗試，就會獲得無盡的回報與滿足感。這支啤酒完全由大麥麥芽釀造，滿溢著經典的 Saaz 啤酒花香，美式清淡酒體適合社交時飲用。入口一開始散發著淡淡的柑橘香，隨後以清新爽口的麥芽味結尾。

類型	American Lager	香氣	柑橘香與爽口清新的尾韻
成分	麥芽（Pilsen 2Row, Wheat）、捷克 Saaz 啤酒花、酵母、水	外觀	淡金黃色
		酒體	清淡
		苦度 (IBU)	13 IBUs
		上市年份	2014 年 8 月
內容量	330ml	建議杯款	皮爾森杯或美式品脫杯
酒精濃度	4.8%		
適飲溫度	2～4℃	建議定價	180 元

台灣獼猴黑啤
Rock Monkey Stout

使用了許多種特殊的麥芽

這支越喝越愉快的黑啤酒以台灣本地唯一的靈長類動物「台灣獼猴」命名，是一款帶有豐富層次口感的啤酒，入喉即可感受到巧克力、咖啡、葡萄柚和美式啤酒花在口中跳躍交疊。從巧克力到極黑麥芽，這款活潑淘氣的黑啤酒由各種特殊的麥芽釀造而成，廣受所有喜愛重口味啤酒迷的喜愛。

類型	American Stout	香氣	Rich dark coffee, complex roasted flavors, and hop forward profile
成分	麥芽（Pilsen 2Row, Wheat, Cara Dark, Best Black, Best Chocolate, Best eXtra Dark, Oats）、Cascade 啤酒花、酵母、水	外觀	深咖啡黑
		酒體	飽滿
		苦度 (IBU)	45 IBUs
		上市年份	2016 年 2 月
內容量	330ml	建議杯款	美式品脫杯
酒精濃度	5.8%		
適飲溫度	8～10℃	建議定價	220 元

台灣／高雄

打狗啤酒
Takao Brewing
Company

text 張倫 ｜ photo 張藝霖 ｜ 影像提供 打狗啤酒

公司成立於　　2013 年
酒證核發於　　2014 年
第一支酒上市　2015 年年初

ADD 812 高雄市小港區平和路 199 號
TEL 07-821-9044
TIME 週一～週五 09:00 – 18:30
FB 打狗啤酒

打狗啤酒 LOGO 設計

★ 高雄／小港區

稱霸南台灣的
高雄 No.1 地啤

總經理兼釀酒師呂孟寰

高雄小港區的一家啤酒工廠裡，一枝枝湛藍色的玻璃瓶注滿了最「青」的現釀啤酒，正準備裝箱出貨，由於這款啤酒的保存期限只有七天，全廠從上到下的工作人員，無一不全神貫注趕工出貨，和時間比賽誰能跑得快一點。

兩間將近一千坪的偌大廠房，十個高7.5公尺的十二噸發酵桶槽一字排開，再加上同樣巨大的糖化槽、壓濾機、隔膜泵等設備，在機器不停的運轉下，以每個星期二萬到三萬瓶的速度出貨，不論規模或產量，「打狗啤酒」儼然已是台灣精釀啤酒之冠。

年輕釀酒師　寫下業界傳奇

意想不到的是，統籌這一切的打狗啤酒總經理兼釀酒師Alex（呂孟寰），竟然是個年僅二十五歲的年輕小夥子！

當Alex以飛快的說話速度聊起自己從事啤酒釀造的種種，頓時讓

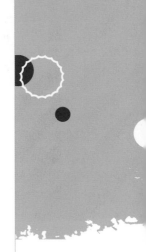

1 巨大的冷卻器說明了打狗啤酒龐大的產量。

我聯想到電影《社群網戰》中的臉書創辦人馬克‧祖克伯（Mark Zuckerberg），他們同樣有著少年出英雄那份顧盼自得的豪情，也同樣遮掩不住那一份對工作自然而然的熱愛。

Alex在十七歲時即因無法忍受高中學業的枯索無味而毅然輟學，跑到超商大夜班拚命工作存了一筆錢後，遠赴日本體驗真實人生，卻曾經窮到只能睡在馬路邊。後來因緣際會進入酒吧打工，對酒產生了興趣，也意外發現自己的嗅覺特別靈敏，雖然酒量沒那麼好但似乎有著上天給的天份，心甘情願回到台灣接受品酒訓練、經營酒吧。

台灣的精釀啤酒直到這兩三年才正開始蓬勃發展，我好奇地請教Alex，當五、六年前這方面資訊都還不流通的時候，是如何學得釀造技術的？他率性回答，任何事只要你真的有心想做，自然就會找到方法！台灣找不到資訊，他就一步一腳印拜訪世界各地大小酒廠，直接向當地釀酒業者請益技術，迄今已走訪美國、加拿大、日本等國一百間以上酒廠。

這樣腳踏實地的專注、熱情，在打狗啤酒的釀造過程中也展露無遺。為了確保打狗啤酒的主要釀造原料麥芽的品質，Alex每年必定親赴原產地紐西蘭基督城，和農民一起採收大麥、烘焙麥芽，就連廠房裡的機器設備，也是他親手繪製設計藍圖，監造施工打造而成。

結合在地口味　精釀卻平民

對於打狗啤酒的定位，Alex渴望自己一手催生的啤酒能夠滿足在地廣大的基層需求。他認為，精釀啤酒並非如同字面上所帶給人「精品」般高高在上的感覺，在世界各國的歷史中，酒常作為傳遞故事和文化的媒介：各地古老文獻中幾乎都不乏以酒祭拜神明的記載、美國在建設國家時曾經以酒作為

2 高達7.5公尺的12噸發酵桶槽，氣勢相當驚人。

3 研發中的二氧化碳回收設備。

支付工人的薪餉、比利時修道院僧侶在禁食期間以啤酒當成補充體力的液體麵包⋯⋯，在在說明了酒與人類文明進展的密不可分。

因此，為了與在地生活緊密結合，也因為深信喝啤酒應該是飲食文化的一環，酒與餐點本為一體，同時應台灣人的飲食文化和口味，打狗啤酒的風味在多次研發和調整之後，清爽口感中帶有豐富香氣，和味道濃重的台菜、燒烤料理特別match，也是台灣首支運用愛爾的酵母菌與拉格的發酵方式所釀製而成的啤酒，價位則居於台啤和進口啤酒的中間地帶，在快炒店、燒烤餐館相當受歡迎。

挑戰不殺菌製程　保留啤酒原味

打狗首支酒款「金啤酒」堅持不過濾、不殺死酵母菌、低溫保存的釀造手法，Alex表示：「由於不過濾，有些客人可能一開始會覺得酒有點濁，而不殺菌在製程難度上相當高，比殺菌還難以達成，這些堅持都是為了保留啤酒最原始的味道。」如此特別的手法在世界上其實不算罕見，卻少有台灣酒廠嘗試，因為大部分業者還是追求相對比較「乾淨、清爽」的傳統作法。

由於不殺菌，就必須低溫保存，也有了七天鑑賞期的限制，可以說是目前台灣所能買到真正「最青」的啤酒，也由於配銷時間的壓縮，目前以大高雄為主要販售範圍，成為專屬高雄人的在地啤酒，至於高雄以外包括國際市場的地區，則主打另一支風味相近的「藍」。

「藍」的主要差異在於多了「瓶內二次發酵」的過程，消耗掉瓶裡的氧氣避免氧化，氣泡感更為強烈，保存期則可長達八個月。2015年九月正式推出後，在沒有主動接洽之下已經接到不少外銷訂單，包括香港、馬來西亞等鄰近地區，業務擴展迅速亮眼。

製程低碳　開發多元產品

除了啤酒風味與市場定位的獨特設定，Alex對於工廠經營管理也很有自己的想法。打狗啤酒從一開始就擁有自己的廠房，方便進行許多實驗、調整

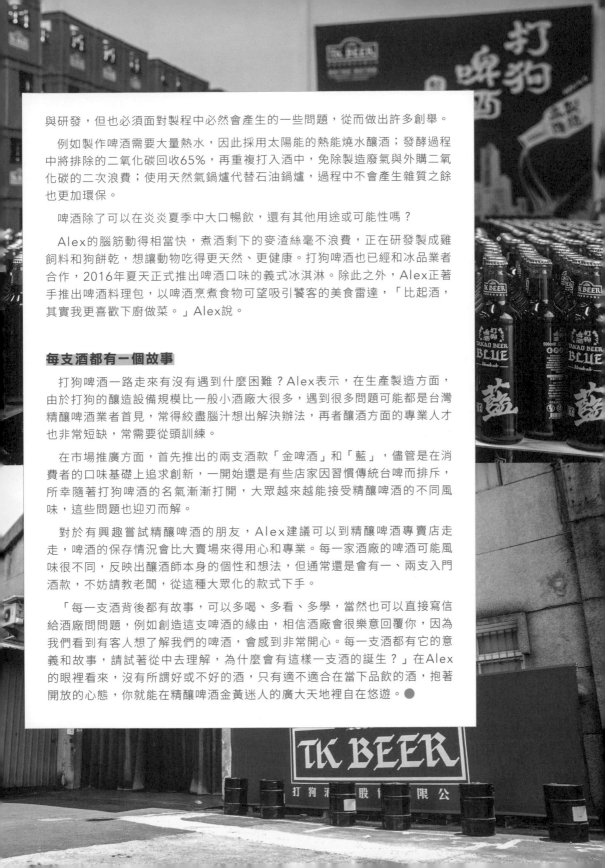

與研發，但也必須面對製程中必然會產生的一些問題，從而做出許多創舉。

例如製作啤酒需要大量熱水，因此採用太陽能的熱能燒水釀酒；發酵過程中將排除的二氧化碳回收65%，再重複打入酒中，免除製造廢氣與外購二氧化碳的二次浪費；使用天然氣鍋爐代替石油鍋爐，過程中不會產生雜質之餘也更加環保。

啤酒除了可以在炎炎夏季中大口暢飲，還有其他用途或可能性嗎？

Alex的腦筋動得相當快，煮酒剩下的麥渣絲毫不浪費，正在研發製成雞飼料和狗餅乾，想讓動物吃得更天然、更健康。打狗啤酒也已經和冰品業者合作，2016年夏天正式推出啤酒口味的義式冰淇淋。除此之外，Alex正著手推出啤酒料理包，以啤酒烹煮食物可望吸引饕客的美食雷達，「比起酒，其實我更喜歡下廚做菜。」Alex說。

每支酒都有一個故事

打狗啤酒一路走來有沒有遇到什麼困難？Alex表示，在生產製造方面，由於打狗的釀造設備規模比一般小酒廠大很多，遇到很多問題可能都是台灣精釀啤酒業者首見，常得絞盡腦汁想出解決辦法，再者釀酒方面的專業人才也非常短缺，常需要從頭訓練。

在市場推廣方面，首先推出的兩支酒款「金啤酒」和「藍」，儘管是在消費者的口味基礎上追求創新，一開始還是有些店家因習慣傳統台啤而排斥，所幸隨著打狗啤酒的名氣漸漸打開，大眾越來越能接受精釀啤酒的不同風味，這些問題也迎刃而解。

對於有興趣嘗試精釀啤酒的朋友，Alex建議可以到精釀啤酒專賣店走走，啤酒的保存情況會比大賣場來得用心和專業。每一家酒廠的啤酒可能風味很不同，反映出釀酒師本身的個性和想法，但通常還是會有一、兩支入門酒款，不妨請教老闆，從這種大眾化的款式下手。

「每一支酒背後都有故事，可以多喝、多看、多學，當然也可以直接寫信給酒廠問問題，例如創造這支啤酒的緣由，相信酒廠會很樂意回覆你，因為我們看到有客人想了解我們的啤酒，會感到非常開心。每一支酒都有它的意義和故事，請試著從中去理解，為什麼會有這樣一支酒的誕生？」在Alex的眼裡看來，沒有所謂好或不好的酒，只有適不適合在當下品飲的酒，抱著開放的心態，你就能在精釀啤酒金黃迷人的廣大天地裡自在悠遊。●

打狗「金啤酒」

只有七天黃金鑑賞期的生啤

100%大麥啤酒。為表現啤酒的真正風味，採用不過濾、不殺菌製程，保存期限只有七天。把酒倒入杯子時會聞到淡淡的花香與果香。入口時稍微有點厚度的酒體非常適合搭配台菜，尾韻則是淡淡的麥芽甜與苦味，是一款特別適合入門的手工啤酒。

> 酒標設計　特別以高雄舊地名「打狗」作為品牌名，特邀書法家寫出具有台灣特色的書法字體。瓶身上的山與水則代表了高雄面海背山的地理特色。

類型	Belgian Ale	外觀	稍深的金黃色，泡沫持久性偏中低
原料	大麥、啤酒花、酵母、水		
		酒體	中等
內容量	500ml	苦度（IBU）	20 IBUs
酒精濃度	4.5%	上市年份	2015 年 9 月
適飲溫度	4.5～7℃	建議杯款	聞香杯
香氣	花香、果香	建議定價	120 元

打狗啤酒「藍」

與炸物與燒烤是天生絕配

「藍」是打狗啤酒第一支外銷的啤酒。使用了瓶內二次發酵的方法，利用天然的製程來保存啤酒。「藍」帶有焦糖、水果、花香和辛香料的香氣，略高的二氧化碳含量使這支酒喝起來比較清爽，微微的苦味則讓吃完東西的口腔更加清爽，特別適合搭配油炸跟燒烤類的食物。

> 酒標設計　作為外銷系列第一棒，設計時以藍色瓶身來代表台灣海洋國家的特色，大大的藍字則展現著台灣的活力。

原料	大麥、啤酒花、酵母、水	外觀	稍深的金黃色，泡沫持久性高
內容量	500ml	酒體	清淡～中等
酒精濃度	4.5%	苦度（IBU）	20 IBUs
適飲溫度	4.5～7℃	上市年份	2014 年 3 月
香氣	果香、花香，以及一點點辛香料的氣息	建議杯款	皮爾森杯
		建議定價	120 元

打狗啤酒「白」

絕對眼睛一亮的全白烤漆酒瓶

打狗啤酒「白」加了橙皮與芫荽籽並且降低了啤酒花的風味，這是一款帶有柑橘跟水果香氣的啤酒。微酸的尾韻適合搭配水果或是甜點。這支酒的適飲溫度比較低，非常適合炎熱的夏天。也適合喜歡果香類型啤酒的人。

| 酒標設計 | 白色的烤漆玻璃瓶就如同小麥啤酒的綿密氣泡，散發出優雅的氣息。充分展現出小麥啤酒新鮮、活力的感覺。 |

類型	小麥啤酒	香氣	柑橘，水果香氣
原料	水、大麥、小麥、啤酒花、橙皮、芫荽籽、酵母	外觀	稍深的乳黃色，泡沫持久性高
		酒體	中等
		苦度（IBU）	N/A
內容量	500ml	上市年份	2016 年 10 月
酒精濃度	4.5%	建議杯款	小麥啤酒杯
適飲溫度	4.5～7℃	建議定價	150 元

[按] 此為設計示意圖，非實物拍攝

打狗啤酒「黑」

飽滿濃稠的多層次黑啤

咖啡色的酒色隱藏著咖啡、巧克力和堅果的味道。濃郁而飽滿的口感適合搭配巧克力蛋糕、冰淇淋、烤肉、貝類飲用。在13℃左右的適飲溫度下，你可以享受到黑啤酒不同的層次。香味也會比低溫的啤酒還要重。

| 酒標設計 | 特別設計成不透光的黑色瓶子增加熟成的容易度。瓶上的黑直指酒的顏色，並且增添成熟男子的氣息！ |

類型	波特啤酒	外觀	咖啡色。泡沫持久性中等
原料	水、大麥、啤酒花、酵母	酒體	中厚
		苦度（IBU）	N/A
內容量	500ml	上市年份	2016 年 10 月
酒精濃度	5.5%	建議杯款	聞香杯
適飲溫度	8～12℃	建議定價	150 元
香氣	巧克力、咖啡、烘烤、木質		

[按] 此為設計示意圖，非實物拍攝

台灣／桃園

布洛赫釀酒
Bloch Brewing

text 張健芳 | photo 雷昕澄 | 影像提供 布洛赫釀酒

公司成立於　　2011 年
酒證核發於　　2013 年
第一支酒上市　2014 年

ADD 325 桃園市龍潭區中興路九龍段 129 巷
　　　175 弄 22 號

WEB www.blochbrewing.com

布洛赫釀酒 LOGO 設計

桃園／龍潭區

德國釀酒大師的
台灣新味

創辦人兼釀酒師Roland Bloch

兩三年前，你說不定遇過Roland上前推銷啤酒。

來自德國南部的他滿面紅光，挺著啤酒肚，自己拉著一台簡便型小推車跑業務，上面載了幾箱剛釀好的啤酒，搭客運、轉捷運，從桃園龍潭跑到台北東區的餐廳酒吧，挨家挨戶推銷啤酒。

大家總以為這是進口的外國啤酒，Roland說：「不。這是我自己在台灣釀的。」

德國人在台灣釀啤酒？

延續德國釀酒工藝的厚實基礎

「我爸教我，找一件你到死都想做的事，不斷學習成長。我更年輕時，從不為錢工作，我沒電視機、沒車，每到一個國家，從洗酒桶開始，做到負責酒廠營運，只為了學習不同的啤酒文化。」乍聽之下讓人瞠目結舌，畢竟Roland可是德國技職體系培育出來的專業釀酒師，擁有杜門斯學院

（Doemens Academy）頒發的「釀酒大師」（Brew Master）專業證照。

他曾學廚，但受不了整天蹲在廚房削馬鈴薯，試過好幾種職業以後，被一張招募釀酒師學徒的宣傳單吸引。「宣傳單上面的人拿著裝滿酒的啤酒杯，滿面笑容，我馬上說：嘿～我要這個！」

那年的他才十五歲，開始跟著老啤酒廠的釀酒師自製麥芽，用家鄉的好水釀啤酒，更幸運的是，他趕上舊機器被新機器取代前的轉換期，由畢生熟悉色澤、味道、溫度、聲音的老師傅教導啟蒙，苦練基本工，是最後一代的傳統學徒。酒廠換成新式裝備後，則讓他有機會學習使用新式機器，穩穩打下最深厚的釀造基礎與實力。

手工啤酒是新的葡萄酒

啤酒在歐洲有上千年歷史，深入常民生活。在水源總被污染的古代，啤酒甚至是飲水的代替品，更健康安全。從古到今，德國南部的戶外啤酒花園，主打自家釀造儲藏的啤酒，啤酒源源不絕從地窖被端到客人圍坐的餐桌上。

然而，親民又草根的啤酒在商業大廠追求效益最大化，大量生產後，不只商業啤酒一成不變，更失去了背後的故事和人味。小規模的傳統手工啤酒作坊敵不過商業大廠的規模經濟、行銷預算和通路壟斷，紛紛敗下陣來，以工藝自豪的釀酒師成了身穿燙熨筆直白色制服的工程師，把理應熟悉味道、顏色、溫度的肢體記憶外包給電腦，整天忙著在工廠按下機器的按鈕。

好在，啤酒天生就是貼近大眾生活的，而手工釀造啤酒的鮮明個性，富有層次的泡沫、喉韻、香氣，全都讓已厭倦商業啤酒的消費大眾兩眼迷醉，「Craft beer is the new wine.（手工啤酒是新的葡萄酒）」，這數十年來的手工啤酒像紅酒一樣，講究了起來。釀酒師發揮創意和才華，成了不折不扣的藝術家，在歐美颳起一陣又一陣的風潮。

乘著這陣風潮，Roland成年後，大半時間不在故鄉，為了見識世界之大，先後在愛爾蘭、英格蘭、比利時、西班牙、澳洲、日本等地修業，一技在身，行遍天下，日子過得就像是On the Road的公路電影。

Roland回憶，在「啤酒等於健力士」的愛爾蘭，曾有個彎腰駝背的愛爾蘭老人喝了他的啤酒，瞬間挺直了腰桿，樂呵呵的說：「我好像回到了二十歲。」待在澳洲時也有個中年男子向他怒道：「都怪你，我喝了你的啤酒，就喝不下超市賣的商業啤酒了。完全回不去了。」

耗時兩年尋覓廠房

來亞洲之前，因為家裡開的是日本餐廳，Roland認識的亞洲只有日本。原本都已在日本安頓下來，卻遇上311大地震，公司在福島核災中損失慘重，一切歸零。他轉到新加坡成立公司，廠房卻尋覓良久無果，亞洲認識的國家都去過了，最後隻身一人飛來「一個沒聽過的小島」台灣，終於找到合適的地點，於是投資設備，重新開始釀啤酒。

啤酒是釀出來了，但初來乍到，語言不通，沒有通路，沒有經銷，沒有半個客人。連車也沒有。Roland自己推著幾箱啤酒，四處上門推銷。直到他參加2014年的世界啤酒大獎（World Beer Awards，WBA）連奪六面金牌，媒體找上門報導，生意才算上了軌道，最辛苦的時候已經過去了。

人說創業維艱，但Roland回憶剛來台灣的情景，心中卻滿滿都是感謝：「來台灣真是來對了。台灣人有日本人的優點，誠實、友善、工作認真，卻沒有日本人過於拘謹保守的缺點。對新事物的接受度也很高。」

巧遇台灣精釀啤酒萌芽期

然而在當時，在公賣制度長年壟斷下，台灣基本上是個沒有啤酒文化的處女地，啤酒彷彿是自動出現在店家冰箱的商品，沒有人的溫度。就算2002年就開放民間釀造，精釀啤酒仍然是新穎的概念。釀酒師不是來自各行各業的自學maker，就是喝不到家鄉啤酒只好自己釀來喝的外國人，共通點是充滿實驗精神。

剛好遇上台灣精釀啤酒的萌芽期，Roland覺得很幸運，能貢獻畢生的專業，分享自己的愛好。杜門斯學院正統科班出身，又來自啤酒文化底蘊深厚的德國，整整三十年泡在啤酒裡，閱歷豐富，Roland彷彿是小池裡的大魚，當老師綽綽有餘。

不過他出乎意料地謙虛：「不不，我不想被當成老師。台灣的釀酒師進步神速，值得大家支持肯定。我頂多只是讓台灣的釀酒師了解啤酒的世界之大，可能性之豐富……」

「老師？見鬼了，我從小就是個壞學生……」他眨了眨眼睛，臉部肌肉抽搐，仰天大笑：「不過，能當個一早就猛灌學生啤酒的老師，好像也蠻有趣的！」

從傳統中汲取釀酒靈感

釀酒師需要具備什麼特質？Roland表示，每個人都可以釀酒，釀酒來自內心，是非常個人、私密、情感豐沛的。當然，首先要按部就班學習扎實的技巧，但最後要通通忘掉，就像大廚烹飪一樣，順從藝術家的直覺，對味道有深刻的了解和想像，而不是依賴電腦、死記書本。只有這樣才能釀出好酒。

好的釀酒師也不能躲在啤酒後面，要有走到台前當酒保和客人應對的本

事。Roland說：「遇到新客人的時候，我會盡量和他們接觸聊天，了解喜好，以這些對話為靈感，下次再從我累積幾十年的知識庫中，開發一款啤酒看看，試試市場的接受度如何。其中需要很多調整和試驗。」

另一方面，「傳統總算被當成一回事了。」Roland不斷強調。傳統非常重要，靈感都來自傳統。回歸各種啤酒的本色，顏色該淺的就淺，味道該重的就重，口感該爽口的就爽口，該有酒精度就一定要有，包裝和內容物相符，而不是為了賺錢的行銷話術。

把在台灣釀的啤酒　推給全世界

Roland建議沒喝過手工啤酒的人直接向酒保要求試喝，若是不能試喝，就描述自己喜歡的口味，或對什麼好奇，再請酒保幫忙推薦。比起千篇一律的商業啤酒，手工啤酒有趣刺激，充滿各種風格，每支酒都是釀酒師的寶貝，一定會有合口味的。「There is no good beer, only good beers.」

Roland接下來打算擴大經營，並從愛爾蘭找來同為釀酒師的好友當助手。目標是使用各國原料，不惜工本，釀造品質優良的道地啤酒，出口到台灣以外的國際市場，讓更多人喝到他釀的酒，也讓更多人知道這是在台灣釀出來的酒。當然也希望能使用台灣原料，開發更多台灣人喜愛的啤酒。

問會釀紅酒、清酒、威士忌的Roland為什麼獨獨鍾情啤酒，「我沒什麼耐心，說做就做，所以啤酒比較合我的脾氣。啤酒等三週就可以知道結果，不像威士忌要等三年。」他笑得很開心。或許啤酒本來就是令人開心的飲料，又苦又甘，充滿草根庶民的生命力，喝著喝著，無形中就排除了很多困難吧。Prost!（乾杯！）●

四季愛爾啤酒
Four Season Ale

2014 世界啤酒大獎愛爾組世界冠軍

類型	Mid-Strength Amber Ale（琥珀愛爾啤酒）
原料	100% 德國麥芽、美國 & 澳洲啤酒花、酵母、水
內容量	330ml
酒精濃度	3.4%
適飲溫度	8 ～ 11℃
香氣	清淡的啤酒花香氣
外觀	琥珀色
酒體	明亮
苦度 （IBU）	N/A
上市年份	2014 年
建議杯款	英式品脫杯
建議定價	120 元

2014年世界啤酒大獎（World Beer Awards）愛爾組（Ale under 4%）世界冠軍！使用最上等的天然原料釀造，屬於琥珀愛爾類（Mid-Strength Amber Ale），低酒精濃度適合全年不分季節享用。既可以單獨飲用，也可以搭配任一種味道豐富的食物，是真正的啤酒風味。2014年拿下世界啤酒大獎亞洲區冠軍後，馬上代表亞洲區出賽在英國舉辦的各區冠軍總決賽，勇奪世界級冠軍此一頂級殊榮。

特級英式苦啤酒
Finest English Bitter

2014 世界啤酒大獎英式苦啤組亞洲區冠軍

類型	South English Summer Ale
原料	100% 德國麥芽、英國啤酒花、英國酵母、水
內容量	330ml
酒精濃度	4.8%
適飲溫度	8～11℃
香氣	蜂蜜香與清爽的啤酒花味
外觀	淡金黃色
酒體	明亮清淡
苦度（IBU）	N/A
上市年份	2014 年
建議杯款	品脫杯
建議定價	120 元

2014世界啤酒大獎（World Beer Awards）英式苦啤組（Bitter up to 5%）亞洲區冠軍。這支酒凝聚了Roland廣博的釀造知識，經典風味來自於口味爽朗的英國啤酒花，振奮人心的香氣則是典型的英國南部口味。苦味濃厚，飲用時可明顯感受到飽滿的風味與愛爾啤酒特有的明亮酒體，酒液中上升的氣泡則反映了Summer Ale類啤酒的清爽感，最適合一飲而盡，在美好的夏日裡搭配新鮮的餐點享用。

芒果啤酒
Mango Fruit Beer

2014WBA 水果啤酒組亞洲區冠軍

Roland又一得獎力作，勇奪2014年世界啤酒大獎（World Beer Awards）水果啤酒組亞洲區冠軍。重新設計的配方特別順口易飲，使用台灣歷經數百年火山岩滲透的在地泉水釀造，過濾後的純淨水質配上最頂級的德國麥芽與啤酒花，技術性添加天然芒果糖漿，使這款傳統德式釀造的啤酒能夠滿足所有人對熱帶地區風味的渴望。酒精濃度雖然有5%，卻非常容易為大眾接受。

類型	水果啤酒	香氣	清爽的水果味
原料	100% 德國麥芽、紐西蘭啤酒花、酵母、天然芒果、濃縮果汁、水	外觀	金黃色
		酒體	清淡
		苦度 (IBU)	N/A
		上市年份	2014 年
內容量	330ml	建議杯款	品脫杯
酒精濃度	5%	建議定價	120 元
適飲溫度	3～5℃		

德式經典黑麥啤酒
German Dark Beer

需熟成整整八個月的德式黑啤

嚴格遵守巴伐利亞黑啤酒律法釀造，這一類長期稱霸德國慕尼黑地區的黑啤酒，完全是以傳統方法釀造，配方甚至可以追溯至第二次世界大戰前。此款德式經典黑麥啤酒需要經過八個月的靜待熟成，口感滑順，酒體十分平衡，酒色極為深沉。5.5%的酒精濃度會讓你發現自己不是走著回家，而是輕盈地「飄」回家中。單純飲用之外，亦適合搭配傳統的德國家常料理。

類型	Munich Dark Beer	香氣	濃郁粗厚
		外觀	濃黑色
原料	100% 德國麥芽、德國啤酒花、德國酵母、水	酒體	平衡佳
		苦度 (IBU)	N/A
		上市年份	2014 年
內容量	330ml	建議杯款	小麥啤酒杯
酒精濃度	5.5%	建議定價	140 元
適飲溫度	8～10℃		

德國特級拉格
German Premium Larger

保證無愧其名的「特級」拉格

這支酒的風格屬於十月節慶啤酒（Oktoberfest Beer）類，這類啤酒的特色在於較高的酒精濃度與豐富飽滿的酒體。這支德國特級拉格依照傳統工藝釀造，並從源頭就使用豐富的麥芽與精心挑選的啤酒花作為原料，5.6％的酒精濃度使其風味遠遠超越了一般的Real Larger，再加上在桶內沉澱三個月的製程，使得這支啤酒絕對夠格扛起「特級（Premium）」稱號。一旦習慣享用這款啤酒，其他啤酒將無法再滿足你的味蕾！

類型	Oktoberfest Beer（十月節慶啤酒）	香氣	熱情飽滿
		外觀	琥珀色
		酒體	豐富飽滿
原料	100％ 德國麥芽、德國啤酒花、德國酵母、水	苦度（IBU）	N/A
		上市年份	2014 年
		建議杯款	1 公升馬克杯
內容量	330ml	建議定價	135 元
酒精濃度	5.6％		
適飲溫度	4～6℃		

比利時帝國紅愛爾
Red Emperor Ale

過往只有帝王才能享受的風味

這支酒需以一種與眾不同的釀造方式製作。這種非常特殊的熟成技術，是Roland在一間德國古老酒廠當學徒的第三年學到的，由於它是如此特殊，Roland只會在釀造出眾又有特色的啤酒類型時，才會使用這樣的熟成手法。這款以傳統工法釀造的紅啤酒，酒液在桶中與櫻桃木經過了整整十四個月的共同熟成，以求臻於完美的木頭香氣與帝國格調。複雜的熟成過程與高達9％的酒精濃度，呈現出帝王風味的帝王級啤酒，適合在重要時刻品嘗。

類型	Belgian Red Ale（比利時式紅啤酒）	香氣	溫厚且層次豐富
		外觀	帝王紅
		酒體	飽滿扎實
原料	100％ 德國大麥、比利時啤酒花、比利時酵母、水	苦度（IBU）	N/A
		上市年份	2014 年
		建議杯款	比利時聖杯
內容量	330ml	建議定價	200 元
酒精濃度	9％		
適飲溫度	8～10℃		

台灣／桃園

五十五街精釀啤酒
55th Street
Craft Brewery

text 楊喻婷 | photo 張藝霖 | 影像提供 五十五街

公司成立於　2013 年 09 月
酒證核發於　2014 年 05 月
第一支酒上市　2014 年 12 月

ADD　330 桃園市桃園區樹林八街 19 巷 2 弄 5 號
TEL　03-374-9992
WEB　www.55stbrews.com.tw

五十五街 LOGO 設計

桃園／桃園區

啤酒 五十五街精釀

55th Street Craft Brewery

熱愛手工啤酒精神的夫妻檔釀酒師

創辦人兼釀酒師Jack和Johan

008
Made in Taiwan

如果在人生的既定道路上，你已過得幸福快樂又有成就，那你還有放手一搏的勇氣嗎？「五十五街精釀啤酒」創辦人Jack和Johan，因為與精釀啤酒相遇，不同國籍的兩人，決定攜手勇闖冒險島，以精釀啤酒共創屬於兩人的一片天。

為愛轉彎的心理分析師

自小在哥倫比亞55街長大的華僑Jack，求學路上專攻心理分析，只待取得碩士學位即可正式執業，沒想到在開設小酒廠的友人引領之下逐漸愛上精釀啤酒，甚至進一步踏入讓人著迷的自釀啤酒世界。

靠著不間斷的自學與向友人請教，Jack釀出了興趣，心繫心理碩士學位的他，雖仍前往英國完成學業，但命運之神卻是調皮，他因中途來台學習中文，愛上了100%台灣女孩Johan。遠距離戀愛好幾年後，不願再相隔兩地的兩人決定共結連理，彼此扶持，一同走上嶄新的人生道路。

因為愛喝也愛上了釀酒，還想將手工釀酒的溫度與心意傳遞給更多人，婚後的Jack決定以釀造啤酒為業，Johan則協助行銷通路與各種設廠作業，「那時候他的中文還不好，而那些申請與條文就算是台灣人都不一定弄得懂」，Johan回憶，兩個人就這樣共同為啤酒事業打拚起來。

堅持一切自己動手

但是，精釀啤酒這一行比想像中更辛苦。

從一開始的組裝釀造設備，兩個人整天關在廠房裡埋頭研究說明書，到手工處理每一樣原料，手工裝瓶……無論哪一個步驟都得耗費極大的勞力，每日工作超過十二個小時耗至體力極限不談，全身痠痛更是家常便飯。尤其對於曾任職模特兒經紀，習慣坐辦公室吹冷氣的Johan來說，釀酒的工作內容不但全然陌生，更是與過往完全不同的工作形態，花了許久的時間調適。

兩人曾徒手搬運一袋又一袋重達二十五公斤的麥芽爬上二樓原料倉，全身疲累疼痛了好幾天都無法恢復；也曾經為了維修故障的冷卻機零件，一片片清洗扇葉直到凌晨，連續工作整整十六、十七個小時，畢竟煮沸槽裡的啤酒可不會等人。但正因熱愛精釀啤酒也深愛彼此，知道再苦再難的事情都有對方相伴，往往一覺睡醒就把疲累拋在腦後，重新投入新的一天。

既然這麼辛苦，還有龐大的資金壓力，為什麼剛起步就一定要自己設廠呢？Jack緩緩回答，一開始就打算全程都要親力親為，堅持不拿配方去找代工廠代工。「就是喜歡自己動手做的感覺啊……而且既然是我們想做的味道，就一定要完全掌握在我們手中。」

　　對於細節，Jack把標準放在國外的水準，不允許因小小差錯讓成品不完美。而且，「我們真的很愛手作這件事。就像我們也很喜歡作菜，用雙手做出好吃、好喝的食物和啤酒，能分享給大家真的很棒。」

最「台」的精釀啤酒

　　自小在國外長大的Jack在釀造啤酒時，總愛加入台灣味的元素。比如桂圓，Jack覺得桂圓的風味很獨特，又是其他國家沒有的滋味，就運用煙燻的手法，將桂圓的香氣注入啤酒裡。對Jack來說，桂圓代表的是台灣人熟悉的味道，若想讓沒試過精釀啤酒的人踏入陌生的啤酒領域，最好的方式就是用他們熟悉的語言、熟稔的味道，才能讓對方敞開心房。

　　除了桂圓，Jack其實還試過以檳榔入酒，他覺得「檳榔也非常台灣」，沒想到檳榔本身並沒有什麼味道，又不可能在酒裡加入石灰，檳榔啤酒最終宣告失敗。Johan笑著說，Jack喜歡把所有台灣人習以平常的食材，用科學家的方式進行啤酒實驗，她常常充滿疑惑與擔憂，不知道又會有什麼味道在自家的小酒廠誕生。

爭論不休的酒標設計

　　問他們是否曾有意見不合的時候，兩人異口同聲回答：「絕對是酒標！」來自不同的成長環境與社會文化，Jack和Johan對美感有各自的堅持與喜好，總是無法認同對方偏好的酒標設計，時常爭辯到最後一秒也不願罷手。面對終究得上架的啤酒，兩人最常玩的遊戲就是看誰先放手，等待對方點頭說好。

　　2014年草創至今，五十五街已從不到五十坪的蜂鳥級迷你小酒廠，升等成二百坪大的第二代廠房，但兩人依舊會為了酒標的設計，重複著：「這個明明就很酷！」、「那個設計台灣人不會喜歡！」的對話。

　　不過，酒標從不曾影響夫妻的感情，反倒讓兩人的情誼更加堅定。

　　Johan說，一路上看著Jack自學，對於精釀啤酒的執著與付出，讓她深受感動，家中滿滿的相關書籍，Jack幾乎全都看完且深入鑽研，就連洗手間都被Jack塞了啤酒書。國外的線上學習網站、同好與前輩間的經驗交流，同樣也是Jack不斷進修的管道，只要聽到有哪位前輩能討教，無論所在何地，他都會盡可能想辦法前往，他想靠著一步一腳印，讓五十五街的啤酒，成為酒迷口中必喝的台灣精釀啤酒品牌。

第一線的品飲文化衝擊

　　成為釀酒師以來，雖然經歷不少次機器設備的困難，但印象最深的，卻是某次活動中，某位年輕女孩只喝了一口就當面把啤酒倒掉的舉動。Jack與Johan初次感受到台灣人對於精釀啤酒的認知並不正確，被糟蹋的手工心意更讓兩人深受打擊。「不喜歡我們的啤酒沒關係，可是不要當著我們的面倒掉，這些都是手工釀造的，每一口都很珍貴。」Jack說。

　　除了品飲態度的不成熟，幾近誇張的酒稅與工廠設立規範等，也是讓兩人感嘆的種種困難與限制。不過，越是艱難，Jack與Johan越想把事情做好。回想起從愛喝，走向自釀，再走入創業，原先未曾接觸精釀啤酒的友人們，因為喝過他們的啤酒，啟動了精釀啤酒的開關，出國還會特地找其他廠牌來喝，並跟兩人分享品飲心得。「這些小小的事情，都讓我覺得好感動。他們因為我們而改變，所以我們要繼續做下去。」Johan說。

　　未來他們也打算持續勤跑活動，以第一線接觸的方式，面對面地把精釀啤酒的精神傳遞到更多人心中。就算對方一時不認可，但至少明瞭精釀啤酒的存在。精釀啤酒的道路上，仍須花時間與心力經營，才有可能提升成為更友善的環境。

50% 台灣 + 50% 美式的五十五街

　　Jack與Johan自從走上未曾想像的精釀啤酒人生，一路已經歷大大小小的困難與挑戰：國內的設備缺乏，得自行摸索國外購入機器設備，隨時都得面對意想不到的機器故障等問題。原以為現在的他們對於品飲精釀啤酒，得背負更多的責任與包袱，沒想到他倆依舊能脫離釀酒的職業身分，當個最單純的品飲者，享受那份美好。一談起最愛的精釀啤酒，Jack仍然像初識精釀啤酒般，眼神裡充滿了炙熱。

　　五十五街的下一支酒會是什麼呢？Jack說，前陣子他喝到一碗好喝的薏仁湯，頭腦又開始運轉起來：「這個味道好台灣，國外吃不到⋯⋯。」Johan笑說，Jack的神嘴有股奇妙的魔力，一吃就能在腦中組配出是否能釀成好喝的啤酒。當然，失敗的檳榔啤酒是意外，神嘴跟人嘴一樣，偶爾會出包。●

1 草創時期因經費不足，以全手工一瓶一瓶裝瓶，現已升級改用小型半自動裝瓶機。

2 第一代的家庭式迷你酒廠。

3 嶄新的三噸半糖化槽與過濾槽穩架設在第二代廠房一角。

桂圓琥珀愛爾

微苦與香甜的完美融合

烘烤後散發焦糖餅乾香氣的麥粒釀出了琥珀色的美麗酒液，嚴選來自苗栗農場的桂圓，手工剝殼後先將桂圓殼與麥芽一起糖化，再於發酵時加入桂圓，使桂圓和琥珀愛爾的麥芽香氣達成細緻的融合。酒體清爽，啤酒花微微的苦味加上悠長餘韻中桂圓的甜味及煙燻味，十分討喜，甚至可以常溫飲用，更能品嘗桂圓及麥汁的自然香甜。

| 酒標設計 | 由釀酒師親自設計，加入了私心偏愛的現代型書法（Calligraphy）元素，並融入桂圓插圖。 |

類型	Amber Ale		帶有桂圓的香氣
原料	英國麥芽 Maris Otter、Crystal Malt、Amber Malt、美國啤酒花、苗栗農場桂圓、酵母、水	外觀	琥珀色。泡沫正常
		酒體	清爽
		苦度 (IBU)	15 IBUs
內容量	330ml	上市年份	2014 年 12 月
酒精濃度	5.5%	建議杯款	鬱金香杯、球型杯、五十五街專用杯
適飲溫度	10 ～ 12℃		
香氣	堅果焦糖香中		

印迪亞淡愛爾啤酒

美式與英式成功混融的清爽 IPA

以英國的 Maris Otter 大麥芽釀造強韌的酒體，再以 Crystal 大麥芽賦予啤酒完美的色澤與香甜，最後用 Amber 大麥芽帶出複雜的層次感。以大量美式啤酒花增添香氣與苦感之外，也使用了生啤酒花，利用冷泡法讓啤酒花的特性在 IPA 中發揮得淋漓盡致。酒體清爽，能感受到英國麥芽的特殊餅乾風味，續杯率極高。

| 酒標設計 | 由釀酒師親自設計，加入了私心偏愛的現代型書法（Calligraphy）元素，再加上 IPA 的啤酒花特色，在酒標裡置入啤酒花插圖。 |

類型	India Pale Ale		鮮明啤酒花杉樹香
原料	Maris Otter 大麥芽、Crystal 大麥芽、Amber 大麥芽、美國啤酒花、酵母、水	外觀	淺金銅色。泡沫適中
		酒體	清爽
		苦度 (IBU)	50 IBUs
內容量	330ml	上市年份	2014 年 12 月
酒精濃度	6.5%	建議杯款	鬱金香杯、球型杯、五十五街專用杯
適飲溫度	5 ～ 10℃		
香氣	充滿熱帶水果香氣，尾韻留下	建議定價	190 元

裸麥波特

用了六種麥芽的獨特清爽波特

一直喝 ㄞ ㄆ一ㄟ

滑順清爽的夏日暢飲之作

醸造時加入大量Citra、Centennial與Cascade啤酒花冷泡,使這支酒充滿了濃濃啤酒花香及柑橘香氣,酒體清爽輕薄,雖為低酒精濃度啤酒卻極具豐富特色。酒名特意使用與IPA諧音的注音ㄞ ㄆ一ㄟ,藉此隱喻其滑順度就算是小孩子都可以一直喝(未滿18歲禁止喝酒),也是炎炎夏日中最迷人的好選擇。

2016年亞洲啤酒大賽(Asia Beer Cup)New generation組銅牌之作!總共使用六種來自英國的麥芽,一開瓶即散發飽滿的巧克力、焦糖及咖啡香氣,入口後伴隨著滑順的口感,釋放出深焙麥芽與咖啡氣息,尾韻則是由裸麥呈現出來細緻的胡椒香料風味,是一款頗為獨特的波特啤酒。和一般濃厚型的口感不同,清爽的口感喝完一瓶還會想再來一瓶,更適合在冬季大口飲用。

酒標設計	同樣由醸酒師親自設計,把平常愛畫的骷髏頭隨性的融入酒標裡,再把原料之一的裸麥做成骷髏頭的衣領。

類型	Rye Porter	外觀	如可樂般的黑褐色
原料	6種英國麥芽、美國啤酒花、裸麥、酵母、水	酒體	清爽,咖啡味濃厚
內容量	330ml	苦度(IBU)	34 IBUs
酒精濃度	5.8%	上市年份	2016 年 2 月
適飲溫度	12℃以上	建議杯款	鬱金香杯、球型杯、五十五街專用杯
香氣	飽滿的巧克力、焦糖及咖啡香	建議定價	190 元

酒標設計	深愛塗鴉文化的醸酒師特意請台灣塗鴉師繪製「Session IPA」專屬塗鴉,再自己一筆筆畫上常見的紅磚牆為背景。

類型	Session India Pale Ale		香氣,三倍啤酒花柑橘香
原料	英國麥芽、美國啤酒花(Citra, Centennial, Cascade)、酵母、水	外觀	淺金黃色。泡沫適中
		酒體	極度清爽
內容量	330ml	苦度(IBU)	40 IBUs
酒精濃度	4.8%	上市年份	2015 年 6 月
適飲溫度	7℃以上	建議杯款	鬱金香杯、球型杯、五十五街專用杯
香氣	充滿熱帶水果	建議定價	190 元

台灣／高雄

浪人酒造
手作麥酒工房
Surfer Brewery

text 許花｜photo 劉森湧｜影像提供 浪人酒造

公司成立於 2013 年 11 月
酒證核發於 2014 年 07 月
第一支酒上市 2014 年 07 月

ADD 800 高雄市新興區新田路 76 號
TEL 07-221-8908
TIME 20：00 – 03：00
FB 浪人酒造 手作麥酒工房

浪人酒造 LOGO 設計

高雄／新興區

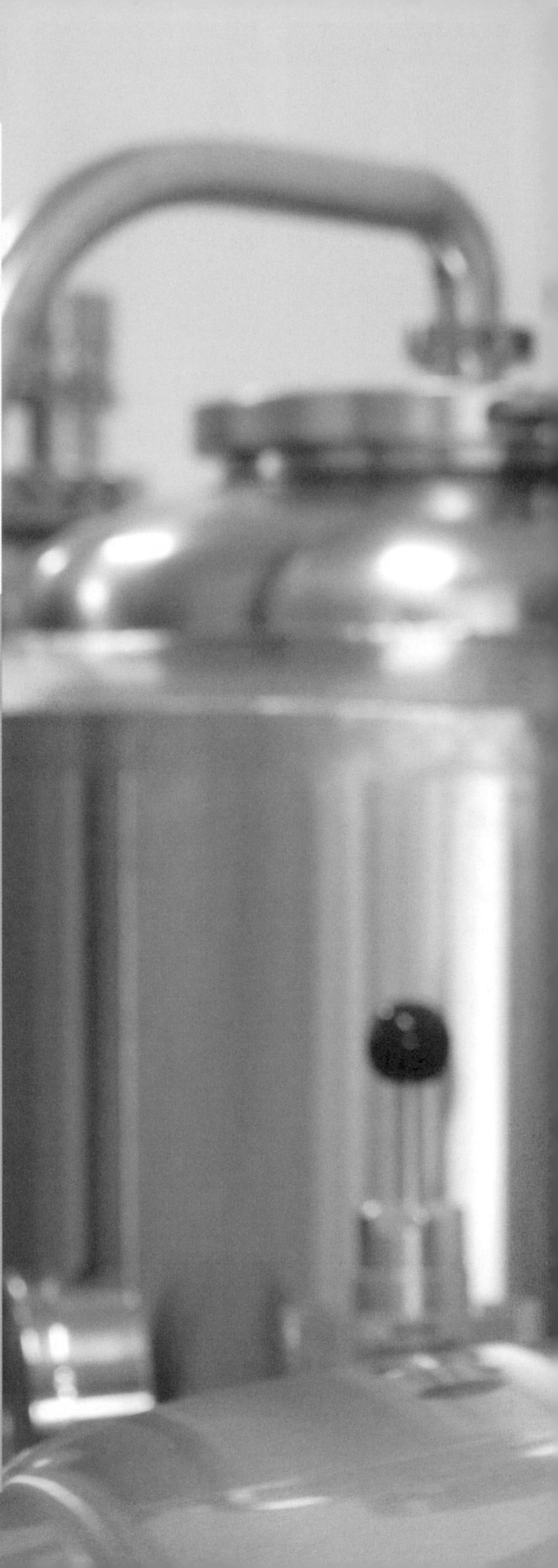

浪人酒造

SURFER BREWERY
在地精釀

通騰 全麥生啤酒
Turn All Malt Lager
Premium Amber Beer

全麥釀製
完全保留麥芽・酒花・酵母風味

Surfer Brewery

330ml

高雄 在地 精釀 Distilling

岡山龍眼蜜小麥啤酒
Honey wheat Ale

浪人酒造 手作麥酒工房

一人酒廠裡的
衝浪釀酒師

創辦人蔡榮烈

酒吧老闆、夜店DJ、衝浪愛好者、手作麥酒工房創辦人，這是蔡榮烈，有著浪人精神的他，是個感覺來就去做的行動派，十多年前一包澳洲友人寄來的即溶麥芽精粉，讓他誤打誤撞從釀酒門外漢踏進精釀世界，一路摸索自學、自力規畫酒廠、成立品牌，釀酒十多年至今。

從逐浪到碾麥　誤打誤撞栽進自釀之路

初見蔡榮烈，短褲及短袖T恤，自在地坐在擺放著幾瓶麥香紅茶的小方桌前，黝黑的膚色是衝浪人皮膚上的陽光印記，露出雪白牙齒的笑容與眼角因笑而蕩漾開的紋路，直爽、不矯飾、風格鮮明，宛如他釀的酒。

年輕時，剛退伍的蔡榮烈到澳洲工作一陣子，回台灣後開起了酒吧。多年後，澳洲友人寄來一包Pilsner即溶麥芽精粉，成為蔡榮烈走向啤酒自釀之路的開端。當時蔡榮烈靠著這些麥芽精粉，就已製作出現今大受歡迎的「芒

1 蔡榮烈手裡拿的攪拌棒
是用楠木自己做的。

2 每天都要跟發酵桶裡的
酵母「心意相通」，這是蔡
榮烈與他的啤酒 baby 之間
的小儀式。

3 隨時打開都清潔光亮的
地溝沉澱槽，酒廠的乾淨整
潔是蔡榮烈最自豪的。

果啤酒」！

　　然而，使用即溶麥芽精粉做出來的啤酒並不能滿足蔡榮烈，他開始萌生做出「真正啤酒」的渴望，在當時手工精釀啤酒尚未風行的台灣，憑著有限的資源，展開了一段拓荒般的啤酒自學之路。從泡網吧找國外影片開始自學，自己上美國網站買麥芽，用酒瓶手工碾麥、甚至自己培養酵母，以土法煉鋼的方式，歷經無數次的失敗，親身試驗再試驗，直至作出想要的啤酒，「那時以為熱水浸麥芽就可以變啤酒，完全不知還有很多步驟和細節」，他哈哈大笑。

啤酒　一種最單純快樂也最複雜的酒

　　樂觀的精神存在蔡榮烈的血液裡，自釀之路雖然不易，對他來說卻充滿樂趣。「啤酒在酒類裡面是最複雜，學問最多的」，蔡榮烈這麼說，「單憑麥

芽、酵母、酒花及水，光是德國就有200到300家以上純酒釀的酒廠」，啤酒無限的可能性，讓熱愛實驗充滿好奇心的他，就這樣從夜店走進自釀、走入釀酒廠，從抱著衝浪板帥氣逐浪到手持耕刀揮汗耙麥，門外漢已完全栽入了精釀啤酒裡。

早年單純出國遊樂的行程，在開始釀製啤酒後，也自動加入「酒吧巡禮」，邊玩邊見習，頗符合他自由不羈的浪人個性。不愛麒麟跟海尼根等大廠，蔡榮烈喜歡拜訪可供他見習及交流的特色小酒吧與酒廠。其中印象最深刻的是某次旅行拜訪日本一處偏遠小酒廠，店內販賣的啤酒與麵包，從釀酒的麥芽開始就自行栽種，從土地到餐桌，啤酒成為生活的一部分。不追求參加大展，不以銷售量為最終依歸，不給予「手工」或「文青」等啤酒框架，「快樂」才是最高目標。

浪人靈魂 × 職人精神

雖說誤打誤撞走上釀酒不歸路，釀酒求的仍是開心與成就感，蔡榮烈也始終堅持對品質的要求，從進料、碾麥、煮沸、發酵至裝瓶一手包辦，連瓶標的設計都自己來。

問他為何不再請個幫手，他說「釀酒看似簡單，但須時刻注意，還要耐得住無聊，禁得起忙碌時的辛苦。第一天弄麥芽，第二天做酒，第三天清洗廠房及設備」，忙起來要連續站個八到十小時以上，連飯都沒空吃。他戲稱釀酒時宛如韓國的「汗蒸幕」，全身大汗淋漓。也因為過程的辛苦，尋找及培訓人員不易，加上凡事喜歡自己來的個性，目前產製啤酒由他一人獨自負責，銷售就靠他和女友兩人共同經營。

由民宅改造的釀酒廠，工作區域約二十幾坪，他笑稱是「全台灣最迷你的釀酒廠」，小歸小卻相當井然有序。工廠籌備期約半年，歷約兩年時間完成，從選址到設計規畫都不假他人之手，並特別拜託師傅為他量身訂做釀酒設備。釀製過程也可看出蔡榮烈對品質的要求。從進料開始嚴格把關，要求材料的檢驗報告及產地說明，一塵不染的廠房則是每次釀酒後花上足足一天細細清洗廠房及設備的成果。

將釀酒譬喻成「生小孩」的蔡榮烈，照顧啤酒也像照顧小孩，釀酒的第一天，他會把「聲音」傳給啤酒，同時每天「巡房」觀察記錄啤酒的狀態。忙碌時，連最愛的衝浪都忍痛割捨。就在我們採訪當日，這位釀酒浪人訴說著已近一年沒空衝浪了，語氣透露著淡淡的快樂與哀愁。看似放蕩不羈，卻對細節與品質有著近乎固執的堅持，「每種東西都有傳統，先把基本做好，再做變化」，正是蔡榮烈個性中「職人」的力度與精神。

Price ≠ Quality　用心提供精緻餐酒

「想在自己的店賣自己的酒」催生出了「浪人酒造手作麥酒工房」，當初找到一間要轉手的日式拉麵店，放入先前經營酒吧時的設備，牆面掛上衝浪板。美日混搭的店內除了自釀的啤酒，也販售燒烤及串燒下酒菜，包含曾在

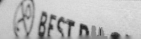

高雄啤酒節獲得下酒菜料理冠軍的「火焰骰子牛」，以及鎮店之寶日式「爐端燒」。不喜受框架拘束的他，並不特別為店內供應的啤酒設計菜色，只要客人吃得喝得開心就好，這是他的啤酒哲學。

店內的明星啤酒除了「岡山龍眼蜜小麥啤酒」、不精濾的「8通騰全麥生啤酒」，還有用單一英國麥芽、啤酒花及酵母，移入Cask桶二次熟成的英式IPA「一波入魂」，並罕見地以英國傳統手拉式打酒器（Hand Pump）供應，十分講究。浪人酒造的酒充分融入產地氣息，使用岡山龍眼蜜釀造不精濾的愛爾、找尋大樹佛光山的泉水加入玉米，釀造出「高雄啤酒一番生」，連親自設計的酒標都放入高雄蓮池潭的龍虎塔！

不特意參考別人的酒譜，不自限於精釀的框架，用職人的精神與浪人的灑脫釀造啤酒，喜歡試驗的蔡榮烈也開發出許多有趣的啤酒，包含為特定節日推出各式主題限量啤酒，如聖誕節的「榛果麥酒」、情人節的「巧克力麥酒」、中秋節的「柚子啤酒」及夏季限定「洛神小麥啤酒」、還有老闆私房的隱藏版，摘採阿里山山櫻花培養的野生酵母「Spring漾」櫻花麥酒，每一支精釀啤酒都飽含鮮明特色。

消費者喝的開心　才是「好酒」

琳瑯滿目、創意無窮的嘗試，來自衝浪時起心動念的靈感、或是喝到其他啤酒時啟發的新想法。忠於內心，不受外在的標準牽絆，蔡榮烈對精釀啤酒有一套自己的看法。「不論什麼style，我都喝得很開心」，下班後也會來一瓶台啤、海尼根或百威的蔡榮烈說：「銷售成功的酒，就是好酒，一瓶600ml賣60元的台啤，對很多人來說就是精釀」。這是他的釀酒態度、也是他的生活哲學，跳脫品牌迷思、框架拘束，「好喝」就是價值。

價格與品質不符合消費者的期待，就不能算是好酒。惟有消費者喝得開心，才是酒的價值所在。對蔡榮烈而言，要擦亮精釀的招牌，「用心」與「品質」是最基礎的功課。或許是濃烈的酒香、或許是精釀啤酒裡繽紛萬千的無限可能，吸引愛好自由的浪人靠岸回航，鏟起麥芽，化身釀酒職人。●

8通騰全麥生啤酒

大量冒泡如衝浪般刺激的不精濾生啤

酒標設計	以衝浪的動作為設計發想，不規則形狀的酒標一如浪花般翻騰。

「Bottom Torn浪底迴旋」是衝浪時極重要的基本工，諧音近似「8通騰」，以多種麥芽和啤酒花為釀酒原料，由熱愛衝浪的釀酒師釀造而成，命名為「8通騰」，希望表達出這款啤酒的風味有如衝浪般愉悅、美妙。

類型	美式 Amber Lager
原料	麥芽、啤酒花、酵母、水
內容量	330ml
酒精濃度	5 %
適飲溫度	4～10℃
香氣	果香，微苦
外觀	深琥珀色，泡沫細綿、豐富
酒體	中等
苦度 (IBU)	20 IBUs
上市年份	2016 年 5 月
建議杯款	美式品脫杯
建議定價	120 元

戀戀高雄岡山龍眼蜜小麥啤酒

用大岡山龍眼蜜釀造的高雄地啤

酒標設計 採用復古風格設計。由於標榜高雄在地精釀，所以特意加入高雄著名地標「蓮池潭」龍虎塔，加強意象。

岡山龍眼蜜小麥啤酒加入了100%高雄大岡山產龍眼蜂蜜，與優質麥芽一同釀製，風味自然。採取不精濾的製程，完整保留啤酒酵母和蜂蜜的風味與益處。

類型	Honey Wheat Ale
原料	麥芽、啤酒花、酵母、高雄大崗山龍眼蜂蜜、水
內容量	330ml
酒精濃度	5 %
適飲溫度	8～12℃
香氣	花果香、甘醇、微苦
外觀	深琥珀色，泡沫細綿、豐富
酒體	中等
苦度（IBU）	18 IBUs
上市年份	2015 年 5 月
建議杯款	小麥啤酒杯
建議定價	150 元

台灣／新北

臺灣艾爾啤酒
Taiwan Ale
Brewery

text 周培文 ｜ photo 雷昕澄 ｜ 影像提供 臺灣艾爾啤酒

公司成立於　2013 年 12 月
酒證核發於　2014 年 10 月
第一支酒上市　2015 年 03 月

ADD　248 新北市五股區五權六路 29 號 1 樓
TEL　02-2299-9760
TIME 週一～週五 10:00–18:00
WEB www.taiwanale.om.tw

臺灣艾爾啤酒 LOGO 設計

新北／五股區

分子生物學家的
風土地啤

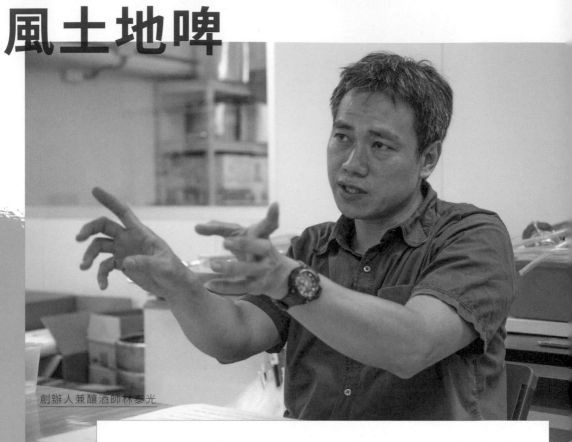

創辦人兼釀酒師林泰光

———般人對科學家性格的認知，多半是客觀理性又循規蹈矩，但畢業於台大農經系的美國紐約大學分子生物學博士林泰光，曾為美國華盛頓醫學中心研究學者、日本理化學研究所研究員，卻放下一切研究，釀起了手工啤酒，完全不符合多數台灣人對科學家的期待。

何須等退休 直接開酒廠

林泰光在美國求學時開始接觸精釀啤酒，當時落腳紐約布魯克林的他，Samuel Adams波士頓啤酒與Brooklyn Brewery啤酒算是啟蒙教授。「美國啤酒花特色是果香味很重，都有柑橘味，與一般商業啤酒比起來濃郁很多，香氣也重。」之後轉個彎，他改喝美式比利時啤酒，當時最喜歡的酒廠品牌是美國第三大精釀啤酒廠「新比利時」（New Belgium），該酒廠對於比利時風味的酸啤酒菌種掌握及其專業，讓林泰光不由得注意起酵母菌種與麥芽等原料知識。

喝越多後越來越喜歡，也在林泰光心中種下小小的夢想種子，希望未來能有一間自己的小酒廠，讓大家喝自己釀的手工啤酒。「那時想說完成學業後先當研究員，等退休再來開間小酒廠，現在只是跳過研究員這一段，直接開酒廠。」林泰光笑言。

但是，釀酒知識從何而來呢？「其實釀酒知識取得不困難，我有段時間在美國聖路易斯做研究，那裡是百威的總部，整個城市幾乎就是啤酒之城，自釀風氣非常興盛，那時整個實驗室除了我之外，每個人都在玩自釀。」

釀酒知識足　釀酒設備傷腦筋

採訪當天首先跟著林泰光參觀酒廠，第一站直奔實驗室，放眼所及，培養皿與試管中的酵母菌、無菌操作台、糖化測試儀、滅菌器、溫控搖床……，種種大學微生物實驗室中的常見設備，似乎與想像中釀酒的浪漫完全無關，冷靜又理性。

林泰光說，「很多人覺得釀啤酒是件浪漫的事，但現實中最大的困難在於污染控制，一定要將污染源的影響減到最低，品質才能穩定。」原來釀酒說來再浪漫，該有的SOP一是一二是二，不得有誤。

不擔心釀造技術或品質監控，聽起來一帆風順，但卻是在決定創辦自己的啤酒廠後，林泰光才發現，台灣完全沒有啤酒釀造工業的基礎。雖然從2002年就開放民營，但大部分基礎材料都得自己想辦法從國外找，或以實驗室材料自行DIY頂替。台灣有很好的金屬加工業，能照設計圖做出品質很好的金屬桶，卻缺乏相關酒桶設計知識。若遇到零件損壞或管線維修只能自己想辦法，或千里迢迢從國外聘請技師。

理性精準 科學背景優勢

原以為林泰光在實驗室反覆試驗無數次才上機器實作釀酒，沒想到他倒是大膽，「我只試做過一次就上機器了，因為自釀跟上機器做還是差很多。」曾經為此繳了很多學費嗎？「我只倒掉過一次，」林泰光說。再加上愛爾類是短期發酵酒，發酵製程大概一週，通常第三天試喝時心裡就有底了。

另一方面，雖然啤酒釀造知識書裡都有，但釀造中間發生的可能狀況或改善方式，書上可沒有，當事情牽涉到微生物學、分子科學、化學原理時，林泰光的學術背景優勢便徹底發揮所長。「舉例來說，我們釀製酸啤酒時無法像歐美傳統酒廠用天然發酵的方式配合木桶生產，但我們參考了酸啤酒科學研究文獻後，找出不同菌種在酸啤酒釀製過程中的消長現象，以階段性接種的方式，在不同時間分別投入十多種的發酵微生物，就能複製出類似歐美木桶酸啤酒的發酵環境。」

融入台灣風土味的地啤

還沒開酒廠前，林泰光就想做兩種口味的啤酒，一是桂圓，一是糯米。「不知道為什麼，應該就是家鄉味吧。」他認為除了德式工藝，啤酒應該還有其他可能性，加入本地食材之外，部分配方改用台灣在地農作物亦無不可。「桂圓黑啤」與「米啤酒」因此成為臺灣艾爾最早推出的兩支酒，並陸續推出「柚啤」、「青檬仔酸啤酒」，以及用台灣66號紅心地瓜做成的「地瓜66號」。

林泰光的啤酒食材香氣重，「我希望大家喝第一口時就能強烈地感受到台灣在地風味，而不是喝下去想很久才發現香氣。」他笑著說，台灣天然食材的香氣非常有特色，完全不是啤酒麥芽或啤酒花可以複製出來的，比如台灣煙燻桂圓的特殊風味，根本就無法用煙燻麥芽取代。

糯米啤酒也是林泰光另一個驕傲，他說了一長串化學名詞，大意是糯米中的支鏈澱粉分解後，可以帶給啤酒一種特殊的口感，有點類似日本濁酒的感覺。但撇開化學知識不談，糯米對林泰光來說，代表的更是逢年過節的糕點，再加入些許台灣的桂花，就釀成了類似酒釀的台式糕點香氣。酒不醉人，想家的心已先醉。

善用熟悉的科學儀器

雖說水質軟硬和礦物質含量多寡都會影響酒質，但對啤酒風味產生決定性影響的，其實還是麥芽、酵母菌種與啤酒花。麥芽與啤酒花都是自然作物，既然是自然作物，在不同季節就有細微的不同，雖然多數啤酒廠都認為那微妙的變化只能從職人的經驗偵測出來，但林泰光畢竟是分子生物學背景出身，慣以科學儀器為輔助，特別是在菌種培養與品質管控方面。

有些精釀酒廠追求不過濾、保留甘醇原味，甚至額外添加糖和酵母使酒進一步發酵，這類酒的口感和味道會隨著時間變化。但林泰光考量衛生條件與瓶裝保鮮過程，最終決定濾掉殘留酵母，以免酵母留在瓶內繼續產生變化。而經過兩次過濾的啤酒，不含蛋白質沉澱和酵母沉澱，酒體不但清澈好看，口感也更清爽。

裝填技術的挑戰

　　林泰光坦承，目前遇到的最大問題是裝瓶。「其實我們的酒已經經過熱處理與殺菌，理論上裝瓶後不該再有太大變化，但現在要克服的不在前端釀造，反而是裝瓶，因為環境影響太大了，光照、空氣等變數很多。」

　　在包裝上，他特別引進日本專利掀蓋式拉環蓋，增加開瓶的方便性。酒瓶也與一般常見規格不同，矮胖的輕量瓶身是參考日本Grand Kirin的瓶型，請台玻特別製作的，寬瓶口的設計再次增強了直接飲用的流暢性。也由於包裝上的特殊，灌裝時更要特別小心諸多細節。

　　他還說，正因為運送過程足以影響啤酒風味，雖然台灣已有許多進口精釀啤酒，但運送條件畢竟不如紅酒等高單價的酒，與其冒著風險喝長途跋涉而來的啤酒，不如嘗試台灣在地釀造的酒，品嘗最新鮮的風味，這也是臺灣艾爾現在的目標。

樂觀期待非即飲市場

　　根據林泰光提供的資料，2014年台灣人每人一年才喝25公升啤酒，反觀中國大陸每人一年喝掉33公升，更別說每年喝下80多公升的美國。而且台灣現今主要的啤酒通路以熱炒店與餐廳居多，若能開拓以女性為主的非即飲客群，台灣的啤酒市場規模絕對值得期待。投資較貴的進口拉環式瓶蓋也是同樣的道理，除了不用擔心手邊沒有開瓶器之外，對於力氣較小的女性來說更容易暢飲。

　　林泰光從不特別強調自己釀的是精釀啤酒，不論精釀啤酒的定義為何，他覺得那更多的是某種精神，不斷研究精進、嚴守品質，從生產、溫度、裝填，完美負責。「我希望釀大家的啤酒，而不是我一個人愛喝的啤酒。」一個分子生物學家，雖然沒有進入學術崗位，但最終還是回饋了台灣這片土地，用他釀的，屬於大家的啤酒。●

桂圓黑啤

麥香與桂圓煙燻香徹底交融

酒 標 設 計

特別挑選台灣特有的龍眼木燻製桂圓，在啤酒低溫後熟成的階段，將桂圓的煙燻香、果香及焦糖甜味，以冷泡的方式慢慢融入用特殊焦香麥芽所發酵而成的黑啤中，特殊的組合無論是直接飲用或搭配甜點，都是一次全新的體驗。

類型	Stout
原料	德國麥芽、美國啤酒花、酵母、台南東山桂圓、水
內容量	330ml
酒精濃度	6%
適飲溫度	18～25℃
香氣	濃濃的麥香及桂圓香，中段有焦糖味，尾韻則是龍眼乾特有的煙燻味

外觀	深棕色酒液，綿密持久的泡沫
酒體	渾厚偏濃
苦度（IBU）	35 IBUs
上市年份	2015 年 3 月
建議杯款	美式品脫杯
建議定價	75 元

米啤酒

以傳統釀酒原料圓糯米入酒

咖啡啤酒

就像咖啡一樣後韻十足

圓糯米的澱粉含量非常高，自古以來就是亞洲穀物酒類的主要原料，為了將此一傳統與啤酒結合，以西螺生產的圓糯米取代部分大麥芽，配上花香及蜜香型的啤酒花，並添加了具有東方獨特香氣的金黃桂花，以獨特的組合增加啤酒的香氣、甜度與口感。另一方面，添加糯米也讓啤酒泡沫更綿密持久，值得細細品嘗。

台灣的咖啡文化蓬勃發展，咖啡啤酒怎能缺席。這支琥珀色的咖啡啤酒是以冰滴咖啡的萃取法，將深度烘焙咖啡豆的香醇融入啤酒之中。原料只用基礎麥芽、黑麥芽及少量苦味型啤酒花，以凸顯咖啡的韻味及口感，就如同一杯內斂的純黑冰咖啡，雖沒有矯飾的香氣，飲用後卻能讓人回味無窮。

類型	Pale Ale		氣及帶有蜜香及多種花香的尾韻
原料	德國麥芽、美國啤酒花、酵母、彰化西螺圓糯米、金黃桂花、水		
		外觀	金黃色酒液，綿密持久的泡沫
		酒體	中等，濃淡適中
內容量	330ml	苦度 (IBU)	25 IBUs
酒精濃度	4.5%	上市年份	2015 年 5 月
適飲溫度	12～18℃	建議杯款	美式品脫杯
香氣	撲鼻的桂花香	建議定價	75 元

類型	Amber ale		味及微微的炭燒尾韻
原料	德國麥芽、美國啤酒花、酵母、哥倫比亞研磨咖啡、水		
		外觀	深琥珀色酒液，泡沫較粗
		酒體	中等偏淡
內容量	330ml	苦度 (IBU)	25 IBUs
酒精濃度	4%	上市年份	2015 年 5 月
適飲溫度	12～18℃	建議杯款	美式品脫杯
香氣	淡淡咖啡香氣，調和的麥芽香	建議定價	75 元

柚啤

就連打嗝也有濃濃的柑橘香

柚啤是臺灣艾爾特別針對台灣人口味偏好所開發的淡愛爾，除了降低焦香麥芽的比例以減少甜膩的口感，也大量運用柑橘味的啤酒花來增加香氣，並在低溫熟成階段將台南麻豆文旦皮以冷泡方式放入酒內，慢慢融出柚子的清香。品飲時若啤酒破泡會散出濃郁的柑橘香，喝完後口齒更充滿多種柑橘類水果的香氣。

類型	Pale Ale		微麻的尾韻
原料	德國麥芽、美國啤酒花、酵母、台南麻豆文旦皮、水	外觀	淡琥珀色酒液，氣泡較粗
		酒體	清淡爽口
		苦度 (IBU)	30 IBUs
內容量	330ml	上市年份	2015 年 8 月
酒精濃度	3.5%	建議杯款	美式品脫杯
適飲溫度	4℃	建議定價	75 元
香氣	撲鼻的柚子香氣，舌根微苦、		

地瓜 66 號啤酒

第一支以原住民語言命名的地啤

「Ngahi◇◇」是泰雅族語「地瓜66」的意思，這是第一支完全以台灣原住民語言命名的啤酒。這支酒的作法仿造美式南瓜啤酒（Pumpkin Ale），但用台農66號紅心地瓜取代了南瓜，也是「66」的由來。此外還保留了原配方中的肉桂，以此襯托地瓜的清甜，和地瓜湯裡的薑有異曲同工之妙。

> **酒標設計** 金色紋路是泰雅族紋面的圖形，背景則是泰雅織物的菱形紋。

類型	Red Ale		微苦微辣，地瓜味出現在尾段
原料	德國麥芽、美國啤酒花、酵母、雲林產台農 66 號地瓜、水	外觀	橘紅色酒液，泡沫顆粒及持久性中等
內容量	330ml	酒體	中等
酒精濃度	4%	苦度 (IBU)	25 IBUs
適飲溫度	18 ～ 25℃	上市年份	2015 年 10 月
香氣	微微的肉桂辛香刺激感，微甜	建議杯款	美式品脫杯
		建議定價	75 元

青檨仔酸啤酒

就像情人果一樣酸酸甜甜

酒標設計

「檨」仔讀音為「奢」仔，也就是台語的芒果。芒果是最具代表性的台灣水果，臺灣艾爾運用最複雜的發酵工藝，採用多種酵母菌及益生乳酸菌，複製出比利時酸啤酒（lambic）的發酵環境，同時加入芒果原汁及青芒果肉，以與眾不同的酸啤酒形式，將「檨仔」的特色完美表現出來。酸溜溜的滋味真的就像情人果，令人忍不住一口接一口。

類型	Lambic style fruity sour beer
原料	德國麥芽、美國啤酒花、酵母、乳酸菌、芒果原汁、青芒果肉、水
內容量	330ml
酒精濃度	4%
適飲溫度	4℃

香氣	淡淡芒果香及酸啤酒本身強烈乳酸、醋酸及果酸的刺激感
外觀	金黃色混濁酒液，泡沫較粗
酒體	清淡
苦度（IBU）	20 IBUs
上市年份	2016 年 6 月
建議杯款	美式品脫杯
建議定價	75 元

台灣／台北

臺虎精釀
Taihu Brewing

text 許家菱｜photo 張藝霖｜影像提供 臺虎精釀

公司成立於　2013 年 12 月
酒證核發於　2016 年 04 月
第一支酒上市　2016 年 05 月

ADD　106 台北市大安區敦化南路二段 335 號 2 樓 B3 室
WEB　www.taihubrewing.com/taihu

臺虎精釀 LOGO 設計

台北／大安區 ★

由「啜飲室」起跑，
打造精釀啤酒觀光工廠

創辦人吳祖倫

釀酒師許若瑋

甫於2015年低調現身東區的「啜飲室」，以極快的速度成為名人與風格部落客出沒的私房小店，並在短短一年間就開設了位於信義區的分店。一踏進簡單大方、工業風格的「啤酒體驗室」，則可看到店內以台灣民主國旗「藍地黃虎旗」為主要視覺，東方經常作為酒器使用的「葫蘆」為外形，加上釀造啤酒不可缺少的「啤酒花」設計的LOGO。

這是「臺虎精釀」。這個由股東們的創意開始、透過金銀帝國（Imperial Taels Design）設計師團隊操刀而成的8字形商標，不但令人印象深刻，也顯示了背後無畏的熱情與雄心。

011

Made in Taiwan

「流動」的啤酒啜飲空間

臺虎的共同創辦人Duke（吳祖倫）表示，當初設立啜飲室的概念，是希望能創造一個「不一樣」的空間。吧檯後方有著整排Tap Beer的啜飲室，店內並不提供餐點，但有可供選擇的下酒點心。這是希望客人能專心享用來自世界各地的美味啤酒，也因為餐點無疑是另一個專業領域。「要做就做好」，現階段的餐點因此是由合作店家供應，像是大安店的滷味或是信義店的熟肉拼盤等等。

啜飲室另外一個特殊之處，是店內規畫以站位為主，希望能在客人之間創造一個更自由的空間。「幾個朋友一起吃飯，往往一坐下來就會形成一個『我們的空間』，但如果是站著，那個空間就會是流動的，可以自然的跟身

旁的人攀談。」每人面前一杯白色泡泡不斷咻咻作響的啤酒，空氣裡沒有過於濃重的食物氣味，而是愉快、歡樂的交談⋯⋯這種人與人之間輕鬆、自由的交流，正是「啜飲室」的魅力所在。

引進推廣好酒　同時釀「自己的啤酒」

臺虎的雄心並不僅止於此。2016年五月，臺虎位於汐止的實驗酒廠正式開幕，邀請大眾入內一窺專業釀造的過程，期待能讓更多人了解啤酒的文

化，以及深入了解何謂「精釀啤酒」。

　　「在籌備臺虎的初期，釀酒就已經在規畫之內。只是酒廠的籌備需要比較長的時間，所以反而是啜飲室先開。」Duke與其他創辦人認為，雖然台灣的精釀啤酒風潮才剛開始，但反過來說也代表了巨大的成長空間。乘著剛吹起的精釀啤酒風潮，讓大家能「輕鬆買到好喝的啤酒」，便是臺虎的野心與期待。

　　目前臺虎自釀的啤酒，僅在旗下兩間啜飲室與汐止的酒廠內，以直接現打的桶裝生啤方式販售。「桶裝是呈現啤酒風味最好的方式。對外銷售的部分，會先在北部地區找合作的店家……同時考慮對方的設備是不是適合供應生啤酒，才能以最好的品質送到客人面前。」為了保障啤酒的品質，距離較遠的縣市、甚至是國外地區，預計未來將以瓶裝與罐裝的形式推出。

一頭栽進釀酒世界　赴德考證照

　　「會接觸到這個，是因為我自己本身就很愛喝酒。」說起與啤酒的淵源，Duke略帶靦腆地笑了起來。「我覺得每種酒適合喝它的時機都不太一樣，要看天氣、食物或心情。我喜歡啤酒的地方是它很easy。例如說，你不太可能帶威士忌到電影院或是餐廳喝，因為感覺好像有什麼企圖，但啤酒就不會給人這種感覺。你可以散步的時候喝，吃飯的時候喝，看電視的時候喝，很平易近人。」

　　對臺虎首席釀酒師Winnie（許若瑋）來說，啤酒則已經成為她生活中不可或缺的部分。「從事這份工作之前我很少喝醉，但現在就常常……（笑）心情太好反而很容易喝醉。我不是那種心情不好時會喝酒的人，反而是心情好才會想多喝一點。」有工作狂傾向、同時又身為釀酒師的Winnie，在喝酒時總會帶著研究的目的去品味，想更加了解啤酒之中蘊含的風味密碼。

　　「一開始也說不上喜不喜歡，是開始做了之後，對啤酒越來越了解，發現它有很多可能性和變化……非常有趣。」說起話來雲淡風輕的Winnie，話

語的深處卻透露著一抹不服輸的堅毅。

起初，Winnie是因為工作的關係而接觸到釀造技術。「那是美國的一間連鎖餐廳，很酷的地方是它每間餐廳都是一個小型酒廠，主打的口號就是『有新鮮的食物和新鮮的啤酒』。」Winnie形容那是類似「另外一間廚房」的概念，從原料開始，完完全全的手工製造。跟著師傅扎扎實實學了六個月後，Winnie就這麼一頭栽進了啤酒的世界，後來更進一步想從學術層面更加了解啤酒釀造的原理，為此隻身跑到德國去拿啤酒釀造的證照。

臺虎精神：好喝，不必設限

聊到心目中好喝的啤酒是什麼樣子？或者說，屬於「臺虎」的啤酒是否有某種風格？Winnie先是露出有點困擾的樣子，然後稍稍歪著頭，像是正努力描繪著此刻浮現在腦海裡的東西。「我並不會覺得應該要有什麼特定的限制耶。」Winnie有一份長長的清單，上頭密密麻麻列滿來自老闆們、同事們……當然也有自己隨手記下的靈感與主題。「啤酒的種類有一百多種，加上不同原料的排列組合，已經玩不完了。」Winnie笑著說，「我什麼都想試試看！」

Duke則認為每個國家的啤酒都有其特色和風味，臺虎希望可以多方學習，吸收來自世界各國的經驗和想法，從中汲取這些酒款的精神，再以臺虎的方式做出自己的酒。「畢竟每個人的口味不一樣，我想讓大家能自由地品味，從我們的酒裡找到自己喜歡的酒款，讓客人自己去決定。」

台灣釀酒法規不完善　不利於小型酒廠

從第一間啜飲室開幕到今年酒廠落成，歷經了一年半的時間。由於法規規定酒廠必須設立於工業區，光是尋找合適的土地就花費了比預估更長的時間；等到酒廠與機器好不容易一一到位之後，才能開始跑後續各種繁瑣的行政流程。到最後酒廠正式營運，又多花了五個月的時間。

　　「可能因為精釀啤酒在台灣算是一個比較新的行業，很多法規還沒那麼清楚，所以時間花得比預估長。」這方面的延宕，臺虎多少有心理準備。親自跑過整套流程的Winnie則認為，現階段繁複不清的程序與規定並不利於小型酒廠。「今天是我背後有一整個團隊在支持我，公司也有其他的業務，所以可以撐過這段期間；換作是一個單純想要釀酒、對此沒有任何經驗的個人，恐怕根本辦不到。」另外，現在在台灣釀酒，背負的稅金卻和販售進口酒相同，更是讓釀酒人感到不平的地方。

創建觀光實驗酒廠　推廣啤酒文化

　　從以前只是一個喜歡啤酒的人，到現在以啤酒為業，中間有沒有什麼心情上的轉折呢？「其實也沒有什麼特別的……就是發現，現在我是每天都在喝啤酒（笑）。以前一星期可能喝兩三天，現在則是真的是每天喝。店裡不用說啊，我家裡冰箱打開也都是啤酒，只是現在喝酒的話，我就可以說我是在『市場調查』。像現在周末跟家人聚餐時，家人會說『喔，你昨天又喝酒？』，我就可以說『沒有沒有，是工作。』」Duke笑得臉紅紅的，彷彿一口氣喝下了一整杯啤酒。

　　Duke是直到創業之後，才開始學習啤酒的專業知識，而在了解啤酒的釀造過程之後，喝起啤酒來又更能享受啤酒的美味。「開這個實驗酒廠也是有這層意義：希望來這裡參觀的人，可以對啤酒有更多了解，然後更加喜歡啤酒。」

　　啤酒有各式各樣的種類，在廣大的啤酒世界裡，只要放開心胸尋找，一定可以找到適合你的啤酒！●

實驗室零零壹號
TAIHU Lab Batch #001

散放著百香果酒花香

一款充滿百香果酒花香氣的美式Session IPA，熱情奔放的個性保有麥芽的純粹，風味完美平衡，口味清爽易飲。

類型	Session IPA		熱帶水果、百香果香
原料	水、麥芽、啤酒花、酵母	外觀	淡黃色
內容量	330ml	酒體	輕爽易飲
酒精濃度	4.8%	苦度 (IBU)	20 IBUs
適飲溫度	2～5℃	上市年份	2016 年 5 月
香氣	強烈的特拉 Citra 品種的啤酒花香氣，帶有	建議杯款	聞香杯
		建議定價	250 元

實驗室零零肆號
TAIHU Lab Batch #004

既沉穩又濃郁的帝國司陶特

以八種不同的麥芽釀造而成的濃郁酒款，紳士的風度翩翩與沉穩完全藉由這支帝國司陶特成功演繹。霸氣的醇厚口感，不失體貼的焦糖、巧克力麥芽和烘烤麥芽香及深色果乾風味（葡萄乾、無花果），均衡地讓你無法察覺酒精濃度。

類型	Imperial Stout（帝國司陶特）	外觀	深黑色
		酒體	濃郁
原料	水、麥芽、啤酒花、酵母	苦度 (IBU)	30 IBUs
		上市年份	2016 年 5 月
內容量	330ml	建議杯款	聞香杯
酒精濃度	9%	建議定價	250 元
適飲溫度	12℃		
香氣	濃郁的烘焙咖啡香		

實驗室零零伍號
TAIHU Lab Batch #005

依然活力十足的老啤酒

曖曖內含光的胡桃木色酒液，香甜的麥芽既輕盈又
飽滿，帶有低調的焦糖香氣。好似邁入而立之年、
尚未不惑的靈魂，比年輕時多了一層穩重，卻也依
然充滿了生命力。

類型	Altbier	外觀	琥珀透明
原料	水、麥芽、啤酒花、酵母	酒體	中等
		苦度（IBU）	28 IBUs
內容量	330ml	上市年份	2016 年 5 月
酒精濃度	6%	建議杯款	聞香杯
適飲溫度	2～5℃	建議定價	200 元
香氣	麥芽香及德式啤酒花風味		

實驗室零零六號
TAIHU Lab Batch #006

來自南德的傳統小麥啤酒

零零六號是德國南方傳統的小河深色小麥啤酒，清
爽的酒體有著小麥的穀物豐富口感及酵母產生的酯
類香氣，散發濃郁的香蕉及豆蔻香料氣息，氣泡則
跳動在舌尖，餘韻繞樑，久久不散。

類型	Weissbier	外觀	淡橙色
原料	水、大麥、小麥、啤酒花、酵母	酒體	中等
		苦度（IBU）	11 IBUs
		上市年份	2016 年 5 月
內容量	330ml	建議杯款	聞香杯
酒精濃度	5%	建議定價	200 元
適飲溫度	2～5℃		
香氣	香蕉、豆蔻		

實驗室零零柒號
TAIHU Lab Batch #007

宛如淺烘焙咖啡的夏日波特

NYMPHET

趣味度十足的香草奶油愛爾

夏日波特，不是太深的褐色，卻有著不透光的厚實奶油口感，中度飽滿的酒體，淺烘焙咖啡般的尾韻。特別適合喜歡喝咖啡、卻又覺得黑啤酒太過沉重的人。

類型	Porter	酒體	中等
原料	水、麥芽、啤酒花、酵母	苦度 (IBU)	33 IBUs
		上市年份	2016 年 5 月
內容量	330ml	建議杯款	聞香杯
酒精濃度	6.2%	建議定價	200 元
適飲溫度	5℃		
香氣	咖啡		
外觀	咖啡棕色		

淺金黃色的啤酒中暗藏了不可思議的香草氣味奶油香！這支使用了混合酵母的奶油愛爾（Cream Ale），既有上層發酵的果香味，白色綿密的酒沫又包覆了底層發酵的淡淡麥香味，加入香草豆莢後的口感更只有親自嘗過才能體會。

類型	Vanilla Cream Ale	香氣	香草
		外觀	金黃透明
原料	水、大麥、啤酒花、酵母、香草豆莢	酒體	輕
		苦度 (IBU)	10 IBUs
		上市年份	2016 年 5 月
內容量	330ml	建議杯款	聞香杯
酒精濃度	4%	建議定價	250 元
適飲溫度	2 ～ 5℃		

台灣／台北

二十三號啤酒有限公司
23 Brewing Company

text 蔡蜜綺｜photo 張藝霖｜影像提供 23 號啤酒

公司成立於　2014 年 05 月
第一支酒上市　2014 年 06 月

WEB 23-brewingcompany.com/drink-map
FB 23 Brewing Company 二十三號啤酒有限公司

二十三號啤酒 LOGO 設計

012

二十三號啤酒
有限公司

23 Brewing Company

讓美式精釀啤酒
扎根台灣！

Matthew Frazar

012

Made in
Taiwan

　　「想名字時馬上就決定要用數字，因為比較好記。為什麼是23而不是別的，是因為世界上有很多特別的數字都跟23有關，比如人有23對染色體，而且是第23對染色體決定了性別、拉丁字母是23個，台灣也是2300萬人口。」來自美國的Brett和Matt侃侃而談二十三號啤酒公司的小典故，喝慣了精釀啤酒的兩個人分別來自美東和美西，落腳台灣後因為喝不到好啤酒，一步步在2014年催生出二十三號啤酒公司。

一切都從想喝卻喝不到開始

　　精釀啤酒在美國已有三十幾年歷史，對於來自精釀啤酒大本營聖地牙哥（San Diego）的Matt來說，更是再熟悉不過的飲料。他在美國的自釀經驗超過十年，攻讀EMBA時也以「啤酒創業」為主題，對啤酒的熱愛不在話

下。目前定居台北的Brett則是因為在紐約結識了來自台灣的妻子，當初決定來台灣時，自行創業就已在心中萌芽，只是沒想到會是自己最愛的啤酒。

Matt和Brett初抵台灣那幾年，台灣還是精釀啤酒的沙漠期，身處異鄉的兩人雖不相識，卻都非常想念精釀啤酒的美妙滋味。到處尋找好啤酒的兩人在台中某一場自釀啤酒同好賽中結識，就這樣一拍即合。為了一解對美式精釀啤酒的思念，也想把美式精釀啤酒的「分享」精神引進台灣，於是乎，兩人合作創立了二十三號啤酒公司。

釀酒就像做菜，配方就是食譜

但，兩個人在美國時隨時都有好啤酒喝，自釀的經驗打哪而來？當年又怎麼會投入自釀呢？

Brett Tieman

Matt說原本也只是愛喝，某一天在啤酒設備專賣店閒逛時，聽到兩個陌生年輕人拿著一張小紙條邊討論邊選購，一問之下才知道，原來他們打算把兩款喜歡的啤酒融合在一起，自己釀看看！

　　大感震驚的Matt從沒想過啤酒可以這樣搞，卻也被打開了體內的自釀基因。雖然剛開始免不了像所有新手一樣緊張兮兮，每隔十分鐘就打電話問店家該怎麼辦，但熱愛交流與大方分享、永遠不愁找不到人問的美式自釀啤酒氛圍，讓他玩得很開心，越來越懂得自釀的樂趣，「釀酒就像做菜，配方就是食譜。」喜歡烹飪的Matt說。父親是葡萄酒專家，母親也熱愛下廚的Brett則在一旁點頭附和。

配方容易　酒廠難

然而，萬事起頭難，當時台灣缺乏自釀設備，必須仰賴國外進口，兩人只好先透過代購設備的店家取得所有道具，再從店家與網路尋找釀酒靈感，先在家裡以小規模試釀，直到釀出心中的味道再記下配方。試釀時至少會有三到四種，再從中選出兩人一致認為的最佳口味。Matt笑著說：「我們很幸運，通常很快就會找到我們要的味道。」

但是，尋找能夠配合的釀酒廠可就沒那麼幸運了。台灣的釀酒廠不算多，再加上有些釀酒廠有自己習慣的釀酒方式，兩個陌生的外國人拿著與傳統不一樣的配方指東道西，有時還要求特殊製程，在在讓尋找合作酒廠特別不容易。

Brett和Matt並不氣餒，終於在新竹找到了願意合作的釀酒廠，陸續推出六款啤酒。而且兩個人並不是將配方交給釀酒廠後就等著領取成品，身為總釀酒師的Brett和Matt每星期都會到釀酒廠親自控管，確保製作過程與自家啤酒的品質。

一邊賣酒一邊教店家認識精釀

釀好的酒如何送到消費者手中，也是Brett和Matt草創期的一大考驗。

多數精釀啤酒和台灣人熟諳的台啤或海尼根不一樣，需以冷藏狀態保存，意謂著店家要有足夠的空間和大型冷藏櫃，更別提電力等相關金錢支出。這點曾讓兩個人嘗盡苦頭，不但削減了店家的進貨意願，也可能因為不正確的保存與運送過程，讓兩個人的心血變質或面臨退貨回收的命運。

而今，經過這幾年的努力，Brett和Matt不僅讓更多人認識到精釀啤酒，也為許多後起品牌鋪好了路，二十三號的產量亦大幅增加。習慣暢飲從拉把現打生啤的他們說，雖然現在瓶裝與keg桶裝的比例大概是五比五，但其實二十三號的終極目標是以桶裝生啤為產品主力，希望能讓正宗美式精釀啤酒文化完完整整的扎根台灣。

引進美國最新精釀潮流

目前二十三號的六支啤酒裡，「#1美式淡色艾爾」和「金色尤物艾爾」都加入了大量的美國啤酒花，讓香氣保留的同時也降低了苦味，適合初次嘗試精釀的人。「尼爾森塞尚」則帶有水果和香料味，適合不常喝啤酒的人。

「島國台灣酸啤酒」則是Matt上次回聖地牙哥發現的新潮流產物。「聖地牙哥現在大家都在釀酸啤酒！把各種東西都加進去，超級瘋狂的！」Matt眼睛發亮說。希望能將國外最新潮流引進台灣的他們因此研發出味道近似檸檬汁、帶有無花果香的「島國」，不但適合不愛苦味的人，也有潛力成為亞熱帶台灣的消暑聖品。

　　而從第一支酒到第六支酒，內行人確實看到了二十三號釀酒的成長，畢竟酸啤酒可是出了名的難釀。再者，不同類型的精釀啤酒各有專屬的獨特味道，如何釀得地道、釀出豐富的層次，全考驗著釀酒師的功力。

1 從美國進口的小型半自動裝瓶機。

精釀啤酒 = Fun and Joy

　　Brett和Matt建議，初喝精釀啤酒最好從Flight開始，一次可以品嘗好幾種口味，而且都只有一小杯，大大減低誤踩地雷的可能性。而且不妨從清爽的口味開始品嘗，再慢慢嘗試較強烈的味道，就會找到自己喜愛的風味。

　　如果有機會，Matt非常鼓勵大家在家裡自己釀，因為精釀啤酒實在太有趣了，單單啤酒花就有上千種選擇，搭配每個人不同的釀造時間與做法，釀出的口味真的是百百款，也難怪精釀啤酒迷玩到不亦樂乎。Brett說：「我太太就很喜歡喝我釀的酒，只有不喜歡啤酒肚！」

　　「釀酒是很放鬆的事」，Matt希望大家把自釀當作玩樂，不要太過執著，「釀啤酒若像品葡萄酒那般嚴肅，那就不好玩了」。自己釀的啤酒不但可以自己喝，成果與配方還能與同好分享。「所有自釀愛好者都迫不及待想知道別人喝了以後的反應，這是永遠不會變的。」Brett說，透過彼此的交流與互動，加上靈感與創意，可能又會創造出嶄新的口感與風味。過程勝於成果，正是精釀啤酒讓人欲罷不能的地方！●

#1 美式淡色艾爾啤酒
#1 Pale Ale

美國人絕對愛喝的美式淡色艾爾

酒標
設計　「#1」是23號的第一支酒，主打簡潔顯眼的美式設計，希望在琳瑯滿目的酒標中具有一眼辨識的威力。「#」符號則代表23號將持續不斷推出新啤酒。主色選用紅與白，以與23號的品牌LOGO相互輝映。「#1」的酒標設計可說為日後23號一系列的酒標設計定下基調。

類型	Pale Ale（美式淡色愛爾）
原料	大麥麥芽、啤酒花、酵母、水
內容量	330ml
酒精濃度	5.5%
適飲溫度	7～10℃
香氣	柑橘與紅莓香
外觀	深琥珀色
酒體	中等
苦度（IBU）	45 IBUs
上市年份	2014 年 6 月
建議杯款	美式品脫杯或鬱金香杯
建議定價	200 元

Brett的心血結晶。啤酒花的豐富柑橘香，交織著麥芽的甘甜，清新爽口。氣味異常豐富：葡萄柚皮、嫩薑、松針、些許土芭樂、蜂蜜、麵粉、餅乾、藥草。酒體中等偏輕，氣泡感溫和，尾韻平順偏乾，松針、土芭樂氣息與藥草苦韻較為清晰。苦味中等，是非常經典的美式淡色愛爾，適合想第一次嘗試美式精釀的人。

#2 金色尤物艾爾啤酒
#2 Natural Blonde Ale

妙用雙關語的女生系啤酒

尼爾森塞尚啤酒
Nelson Saison

適合在春夏之交暢飲的爽口啤酒

「金色尤物」是23號首次將啤酒風格的名稱放入酒名裡，既呼應酒色，也傳遞出全然美式的鮮明意象，同時還暗示了這款酒相當適合女性飲用。麥香四溢，口感滑順平衡，充滿了熱帶水果的香氣，還有橘皮、些許松針、荔枝殼、青草、白胡椒、些許西洋梨、餅乾與土司的風味。酒體中等偏輕，氣泡感溫和，尾韻平順，稍帶松針辛香與藥草苦韻，佐以宛如奶油餅乾般的口感。

這是一款清新爽口，完美揉合水果及香料味的啤酒。Saison是法語，也就是英文的season，是比利時人在春夏之交天氣開始變熱時喝的啤酒。味道不會太甜膩，喝起來爽口又不會太苦，並帶著一點點的酸味和明顯的果香。配方使用了來自紐西蘭的 Nelson Sauvin啤酒花，這種啤酒花帶有葡萄品種 Sauvingnon Blanc的香氣。

酒標設計	延續「＃1」美式設計，以黃色同時呼應酒名與酒色。

酒標設計	照樣選用與酒色相近的橘色做為酒標與字體的主色，也依然持續23號將酒名做極大化凸顯的設計風格，強調辨識度。

類型	Blonde Ale	外觀	金黃色
原料	大麥麥芽、啤酒花、酵母、水	酒體	輕
		苦度（IBU）	25 IBUs
內容量	330ml	上市年份	2014 年 9 月
酒精濃度	5%	建議杯款	美式品脫杯或鬱金香杯
適飲溫度	7 ～ 10℃		
香氣	百香果、芒果	建議定價	200 元

類型	Saison		（Sauvignon Blanc）、香料
原料	大麥麥芽、紐西蘭 Nelson Sauvin 啤酒花、酵母、水	外觀	橙～淡金色
		酒體	偏輕
		苦度（IBU）	25 IBUs
內容量	330ml	上市年份	2016 年 4 月
酒精濃度	6%	建議杯款	美式品脫杯或鬱金香杯
適飲溫度	10 ～ 13℃		
香氣	白葡萄酒	建議定價	200 元

#3 IPA 印度淡色艾爾啤酒
#3 IPA

IPA 迷不能不嚐的正宗美式 IPA

酒標設計 簡單清楚的IPA三個字母毋需過多設計，顏色選用綠色，以呼應主導酒體香氣主調的松針。

類型	IPA 印度淡色愛爾
原料	大麥麥芽、啤酒花、酵母、水
內容量	330ml
酒精濃度	6.5%
適飲溫度	7～10℃
香氣	柑橘、松針
外觀	紅棕色
酒體	中等
苦度（IBU）	50 IBUs
上市年份	2015 年 3 月
建議杯款	美式品脫杯或鬱金香杯
建議定價	200 元

Matt的無數心血，同時也是23號的第一支IPA。風味濃厚鮮明，帶有松針及柑橘香氣混融在一起的氣息。細細品聞將會發現松針、奇異果、些許荔枝、土芭樂、鳳梨皮和些許樹皮、餅乾與少許的焦糖感。升溫後的焦糖感份外凸顯。酒體中等偏厚，氣泡感低，口感滑順，尾韻平順偏乾，以松針和樹皮氣息為主，稍帶焦糖氣息。

聖地牙哥 IPA 啤酒
SD IPA

強烈鮮明的聖地牙哥風格 IPA

自我風格強烈，豐富厚實的酒花香氣，屬於SD IPA風格的啤酒。SD IPA源自美國西岸大城聖地牙哥，也就是全美國精釀啤酒文化最發達的城市。這類酒的特色是以大量的啤酒花表現IPA的香氣跟苦味，先苦後甘，豐富厚實，個性既強烈又鮮明。

酒標設計｜以聖地牙哥市的代表色寶藍色為主色，同時象徵了海洋的獨立自由，不受拘束。啤酒花圖案居中安放，象徵身為IPA第一要角的重要性。

類型	IPA 印度淡色愛爾	外觀	金色
		酒體	中等
原料	大麥麥芽、啤酒花、酵母、水	苦度(IBU)	60 IBUs
		上市年份	2016 年 4 月
內容量	330ml	建議杯款	美式品脫杯或鬱金香杯
酒精濃度	7%		
適飲溫度	7 ～ 10℃	建議定價	200 元
香氣	百香果、柑橘		

島國台灣酸啤酒
Islander weisse

把台灣水果揉入風靡全美的酸啤裡

「島國台灣酸啤酒」是23號特別設計的系列，以德式柏林小麥酸啤酒風格為基底，希望在未來加入台灣本地水果，依照季節推出季節限定款，徹底發揮扎根台灣的在地釀造精神。此風格的啤酒有著小麥的香甜與舒服的微酸口感，被戲稱為「啤酒界的香檳」，是目前美國最流行的類型，亦可加入蜂蜜或糖漿飲用，尤其適合炎炎夏日。順口微酸的滋味解渴暢快，清涼又消暑。

酒標設計｜此系列以酸啤酒為底，加入不同台灣水果，設計時便以台灣地圖做為中心概念，再以季節水果點綴。

類型	Berliner Weisse	香氣	麵包香氣
		外觀	麥草色
原料	大麥麥芽、啤酒花、酵母、水、乳酸菌	酒體	輕
		苦度(IBU)	5 IBUs
		上市年份	2016 年 5 月
內容量	330ml	建議杯款	鬱金香杯
酒精濃度	4.5%	建議定價	200 元
適飲溫度	10 ～ 13℃		

台灣／台北

禾餘麥酒
Alechemist

text 許家菱｜photo 雷昕澄｜影像提供 禾餘麥酒

公司成立於　2014 年
第一支酒上市　2015 年 02 月

ADD　104 台北市中山區復興北路 380 巷 11 號
FB　禾餘麥酒

禾餘麥酒 LOGO 設計

台北／中山區 ★

用台灣這塊土地，
釀酒

禾餘麥酒創辦人陳相全

在目前台灣這波精釀啤酒的風潮裡，品牌名稱中隱藏著豐收意象的「禾餘麥酒」，是在各方面都顯得十分獨特的品牌。LOGO是一支令人聯想起實驗室的酒瓶，簡潔線條構成的瓶身盛裝著幾何圖形，瓶口發出幾道魔法電光——就如官方粉絲團上的說明「田裡的煉金術士／化在地穀物為瓶中甘醇」。而領導這支煉金師團隊的，是禾餘麥酒的創辦人兼釀酒師Robert（陳相全）。

從兼差到創業的化學變化

「哇，這是最難回答的問題耶。」

問他「為什麼喜歡啤酒？」Robert一下子嚷嚷起來。自稱是「台灣啤酒界酒量最差」的Robert，外表看起來還是個爽朗的大男孩，不拘小節的說話方式彷彿某個認識許久的朋友，給人一種親近感。

「如果是一開始的話啊……一開始的時候我只想要賺錢！」Robert大

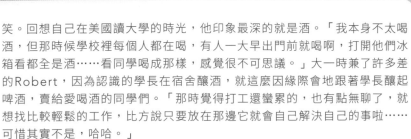

笑。回想自己在美國讀大學的時光，他印象最深的就是酒。「我本身不太喝酒，但那時候學校裡每個人都在喝，有人一大早出門前就喝啊，打開他們冰箱看都全是酒……看同學喝成那樣，感覺很不可思議。」大一時兼了許多差的Robert，因為認識的學長在宿舍釀酒，就這麼因緣際會地跟著學長釀起啤酒，賣給愛喝酒的同學們。「那時覺得打工還蠻累的，也有點無聊了，就想找比較輕鬆的工作，比方說只要放在那邊它就會自己解決自己的事啦……可惜其實不是，哈哈。」

這樣半打工半好玩的心態，漸漸也起了化學變化。原本他認為啤酒是很簡單的東西，在釀造的過程中越來越了解啤酒千變萬化的複雜性，慢慢做出了興趣；大學畢業後也進入美國一間頗負盛名的酒廠工作，學習到整套商業釀造的製程。

種在地的作物　釀在地的酒

工作兩年後Robert回到台灣，進入台大農藝所就讀。研究所期間，他看到台灣農業有許多結構性的問題，雖然這些問題大多無法以個人之力解決，但他仍不禁思考：要如何讓台灣在地的作物更有競爭力？「至少，要在價格上更有競爭力。當時我們想到的是用另外一個東西去帶出它的價值，讓一般大眾願意用更高的單位價格去購買。」系上教授鼓勵他利用過去釀造啤酒的實務經驗，擬定可以垂直整合整個產業線的計畫，他於是提出了具有台灣特色的啤酒生產計畫，並以此計畫申請到農藝所的獎學金。拿到獎金的Robert開始被老師追著跑，一見到他就追問：「現在做的怎樣了？不要不做事啊！」

於是，使命是「以在地穀物，打造台灣啤酒的理想型」的禾餘，就這麼創立了。

啤酒原本就是農作物發酵而成的飲料，歐美的啤酒大國，如德國，當地的啤酒經常是跟著作物的季節生產、推出，顯示啤酒是一種與當地風土結合的飲料。Robert有在美國的實務經驗，研究所的教授也鼓勵他以啤酒來嘗試解決台灣產學脫勾的情形，因此打從一開始，Robert就決定要用台灣的農產品來釀造禾餘的產品。「啤酒的原料原本就不限制一定要用麥。所以，為什麼不試試看用米呢？」

當然，啤酒的原料換成其他穀物之後，製程上勢必要做出許多調整，也得經過反覆的實驗與測試。但對有實務經驗、又有學術知識在支撐的Robert而言，這並不是難事，反而是最有趣的部分。

他也不囿於現代的科學技術，勇於往農家的經驗中取材，像在實驗用米來發酵的過程中，不用臭氧消毒，而是使用「溫湯浸種」的古法。「使用不同的種子來做，就要重新考慮水與種子的比例要怎麼拿捏，加水之後也會因為比例的關係，溫度又會再次產生變化……然後種子每天的溫度也不一樣。所以我們花很多時間在實驗室裡。但這可能就是我們公司最大的資本吧。」

土地，無法輕易被複製的

Robert手邊正在進行的計畫，幾乎都是以「好幾年」為單位。

例如復育台灣消失近三十年的大麥，是早在2013年就已經開始進行的計畫。當時Robert還在讀研究所，大麥就直接種在自家的小菜園裡。「一開始量很少啊，很可悲，完全不能釀酒。」Robert苦笑著，「因為量很少，我就很珍惜地每天都拿著小剪刀去一點一點收成……每次幾克……」就這樣反覆著種植與收成，終於在2016年達到可以直接在田裡播種的地步。但預計產量要達到足以釀酒，還需要再過兩年。

台灣過去不僅種過大麥和小麥，就連啤酒花也曾經在這塊土地上大片大片的生長著。只是由於氣候因素，產量不夠穩定，成本自然不敵國外的大量種植傾銷，這些作物也就漸漸消失這塊島嶼上。口中連連抱怨著辛苦，但一講起穀物和釀造，Robert的眼神不禁閃閃發亮。

「因為啤酒最有趣的地方，就是它和原物料結合之後產生的風味。」啤酒是相對來說加工較少的食品，製程裡的原物料十分重要。但這些來自大地的原物料每年都會因為氣候、雨水的因素產生差異，要如何去調整這些差異並保持穩定，便是Robert認為啤酒最有趣的地方。

「我最希望能讓大家看到的就是這個。因為我們比人家用了更多的穀物，這也正是我們跟別的品牌不一樣的地方。對我來說所謂真正在地的啤酒，就是要用在地的作物，不然現在每一家啤酒都可以很容易的複製，原料都進口，或最後淪為設備的競賽。這樣下去，那豈不是永遠都比不過歐美，永遠只是在做次等的產品嗎？」畢竟，只有台灣土地醞釀出的味道，是無法被輕易複製的。

煉金術 點穀成金色佳釀

開始只是一個「想賺錢」的念頭，到試圖用啤酒來整合今日的台灣農業，在Robert時而有些臭屁、時而有些搞笑的談話中，透露出他既務實、同時又浪漫過頭的矛盾性格。對他來說，所謂的「台灣在地」並不只是一句漂亮的口號，而是無盡的汗水、漫長的時間，以及反覆再反覆的試驗──正如禾餘麥酒的英文「Alechemist」來自「煉金術」（alchemy）。

早期禾餘曾辦過一個活動，直接將消費者帶到台大的農田裡，讓他們直接

看到酒瓶裡各種原料實際生長著的模樣。「這一直是我很喜歡的作法，」Robert說。「因為我可以看到我喝的東西從哪裡來、原本的樣子是怎樣，可以想像跟作物的連結……這才是能感動我的。」Robert最在意的，始終是人和土地之間的關係，如何透過農業、透過飲食連結在一起。「大家都知道要去哪裡吃、哪裡玩……卻不知道腳底下這塊土地種過什麼東西，這實在蠻可惜的。」

重新定義「禾餘」

至於未來呢？

「我想試著重新定義禾餘的酒。因為『啤酒』畢竟是外國的東西，現在還叫做啤酒，只是因為以製程來看和啤酒最接近……但禾餘其實已經跳脫單純釀造啤酒的概念了。」確實，不管是「溫湯浸種」的消毒法，或是以中藥「泡酒」的概念來製酒，甚至是以宛如神農嘗百草的精神展開的台灣作物試釀計畫，都已經是根植台灣風土的想法與技術。

「既然要做，就要在能力內做到最好」以及「既然要在台灣釀酒，就要釀出台灣土地獨特的味道」，想必是身為「禾餘麥酒」創辦人的兩大信念吧。●

禾餘白玉麥酒

以台南白玉米釀造的禾餘麥酒經典款

禾餘白玉麥酒
PALE JADE

| 酒標設計 | 以煉金術的意象為概念，下方之三角形為火之意象，用以加熱並轉化上層之台南白玉米，使其精煉成口感獨特的禾餘白玉麥酒。 |

類型	台灣穀物地方酒
原料	德國大麥芽、台灣玉米（台南白）、台中小麥芽（台中選2號）、美國啤酒花、酵母、水
內容量	330ml
酒精濃度	4.5%
適飲溫度	8～17℃
香氣	輕微柑橘，蜂蜜和吐司香氣。舌根上可以感覺到清爽的玉米味
外觀	白色泡沫，深金黃色
酒體	酒體輕盈，CO_2 低
苦度（IBU）	N/A
上市年份	2015 年 2 月
建議杯款	皮爾森笛型杯或鬱金香杯
建議定價	130 元

原料以德國大麥芽為基，加入與台灣土地連結深厚的台南白玉米，以及烘焙過的獨家台灣焦糖小麥芽。以Cream Ale的形式為基底，但同時加入了愛爾酵母與拉格酵母，精心釀造而成。白玉麥酒在冰涼時品飲，口感清甜無負擔；常溫時飲用，則可品嘗到獨特的蜂蜜與焦糖氣味。四季都適合，配搭蒲燒料理尤為一絕。

禾餘 1976 撒野啤酒

獨立樂團 1976 創團 20 週年聯名款

獨家
聯名款

具有木本植物香氣衝擊感的英式苦啤酒,適飲性高。帶有立體感的啤酒花香,來自苦味啤酒花和麥芽甘味的巧妙結合,塑造了特別活潑的品飲感受。酒色有別於常見的金黃色系,而是淡淡偏紅的石榴色,也是以高比例的台灣硬紅小麥為原料的成果。酒體雖重卻不影響其耐喝性。

酒標設計 **1976是台灣最長青的英式搖滾獨立樂團,搭配其創團20週年推出。酒標設計與線條風格都帶有濃濃的英倫地下搖滾風格。**

類型	British Golden Ale	外觀	奶油色泡沫,淡銅色酒體帶淡淡石榴色
原料	德國大麥芽、英式啤酒花、台中生小麥、台中小麥芽、酵母、水	酒體	中等。中等氣泡帶出麥芽甜與酒花苦的融合滋味
內容量	330ml	苦度(IBU)	N/A
酒精濃度	6%	上市年份	2016 年 2 月
適飲溫度	2～8℃	建議杯款	英式品脫杯
香氣	丁香,淡淡的焦糖,太妃和烤麵包的香氣和木本植物香氣	建議定價	180 元

禾餘月光麥酒

適合搭配中式點心的台灣地啤

輕盈的口感來自於以米為原料的清爽酸味,再添加柑橘汁釀造的結果。豐富的台灣柑橘果香、丁香、酵母氣息與輕微的香蕉風味,若搭配甜味溫和的中式點心享用,更能體會月光米啤酒細緻的酸味與甘甜。由於使用的是台灣在地糧產,也就是有台版越光米之譽的台南十六號稻米為特色原料,因此以諧音「月光」命名。

類型	比利時式鄉村啤酒	外觀	酒液稍濁,白色泡沫深金黃色帶有一絲橘色
原料	德國麥芽、美國啤酒花、酵母、台灣小麥(台中選 2 號)、台灣米(台南 16 號)、台灣柑橘、水	酒體	輕～中等。能夠感受到扎實的風味,滿足度極高
		苦度(IBU)	N/A
內容量	330ml	上市年份	2016 年 4 月
酒精濃度	6%	建議杯款	鬱金香杯
適飲溫度	2～8℃	建議定價	150 元
香氣	柑橘,丁香,淡淡的香蕉和微微的白土司味		

台灣／新竹

水鹿精釀
Sambar Brewing

text 陳欣妤 ｜ photo 雷昕澄 ｜ 影像提供 水鹿精釀

公司成立於　2015 年 01 月
第一支酒上市　2015 年 05 月

FB　水鹿精釀 Sambar Brewing

水鹿精釀 LOGO 設計

保育動物酒標設計
專屬台灣的經典酒款

水鹿精釀創辦人兼釀酒師丁鼎

高中即懷抱創業夢，企圖打拚出自己一番事業的水鹿精釀創辦人丁鼎，言談舉止從容而自信，談起啤酒更是雙眼炯熱，滔滔不絕地分享著啤酒的美妙，連談起自學釀酒過程中遇到的困難都難掩興奮，對於啤酒的熱情不言可喻。

赴歐留學　與啤酒古城的邂逅

丁鼎與精釀啤酒的初次邂逅在捷克。赴歐洲交換的第二年，他到布拉格修經濟學雙碩士。捷克是知名的皮爾森啤酒發源地，還有許多設備完善的小酒廠，當地的啤酒令人驚豔地便宜且好喝，尤其在布拉格，幾乎每個街角都會有間純喝酒的小酒吧，就像手搖飲料店在台灣那樣的常見。

於是乎在注重社交生活的歐洲文化中，與朋友上酒吧、來杯啤酒，成了每晚唸完書後的日常，這讓丁鼎徹底愛上了精釀啤酒，也開始展開初步探索。

丁鼎說，在捷克，即便連最不起眼的小酒吧，店員都有一定的啤酒知識與serve能力，雖然受從前蘇維埃遺留下來的共產氛圍影響，店員通常對客人愛理不理的，講話毫不客氣，丁鼎卻懂得欣賞這種直接的可愛。而一講起那時坐輕軌上山，在山上的修道院喝酒、俯瞰古城，享受宜人氣候的美好時光，他更是難以忘懷。

用啤酒灌注創業夢

　　捷克發達的啤酒產業及文化，在當時的丁鼎心中種下一顆種子，雖然當時的他沒有意識到，也不知道種子何時會發芽，只知道他熱愛這一切，盡情地享受著它。一直到2014年回國準備投入職場時，這顆漫著酒香的種子才長出芽來。

　　長期在歐洲「你為何不自己動手做？」的文化薰陶下，他決心將高中時期的創業大夢付諸實行，創辦一個屬於自己的啤酒品牌。創業的準備過程中，他自學啤酒釀造的相關知識和技術，在家中不斷地嘗試，研擬喜愛的配方。同時，他也寫提案和分析報告給自己，以本身的經濟學專業評估實際層面的種種現實問題。

　　2015年一月，「水鹿精釀」誕生了，並於同年五月推出第一支酒「恣遊者」。

與酒廠合作　精釀做中學

　　由於回台灣後才決定投入精釀領域，丁鼎在國外並沒有自釀的經驗，加上非本科生，關於釀造的知識多是從實作中自學。他說網際網路的發達使得資訊透明流通，需要的知識其實唾手可得。台灣也有專門為釀酒愛好者進口原料的中盤商（如台中的金鼎軒），在家釀酒其實沒有想像中困難。

　　「其實做酒無非說一而再、再而三地一直做，做了一批就知道味道，比較好壞。下一次就知道什麼該增加、什麼該減少，也就是配方要怎麼調配。那都是自己的東西，只有自己才會知道。」

丁鼎還提到，雖然沒有機會在美國或歐洲大廠學習釀造技術，不過在實際釀造啤酒的過程中，反而更能從喜歡的味道著手，後來在與新竹纖碧爾酒廠合作的過程裡也學到了非常多，就這樣一步步吸收了更多的專業知識。

適應設備工法　吉普賽釀酒師的成長

當然，在家自釀與工廠大量釀造畢竟不一樣。除了配方得隨著機器設備的放大而調整，對於機器的不熟悉也讓水鹿在草創初期吃盡苦頭。丁鼎就曾經因為不知道工廠裡的沉澱槽抽到蒸煮槽需要兩倍的時間，加上啤酒花遇熱變苦的化學反應，導致釀出來的酒苦得難以下嚥。

「設備的工法需要透過不斷地去做才會慢慢熟悉，一次一次微調改進，久了就知道之間的落差。」就這樣，丁鼎在充滿鍋爐、蒸氣、高溫高濕的密閉酒廠裡待了八個月。一般人光想到這樣的工作環境便退步三舍，更何況多半是體力活兒。但這些不但沒有減損丁鼎對於釀酒的熱情，反而讓他更驚嘆於這塊領域的廣大與美妙。

釀酒參數多　一點變因都影響著啤酒滋味

丁鼎說，釀酒好玩的地方在於它有很多的面向，以經濟學的角度來看，就是有很多參數在裡面跑，包括原料、時間、火候、處理方式等等。以原料來說，光是啤酒花就有非常多種，關火丟或冷泡，不同的處理方式、不同的時間丟，味道都會不一樣，而且現在的酵母推陳出新，不同的酵母擁有不同的調性，一點點變因都會影響啤酒的滋味。

在廣袤而奇妙的釀酒世界中探索，丁鼎選擇先從自己喜歡的味道著手，相繼推出的「恣遊者」、「水鹿經典淡艾爾」、「水牛印度淡艾爾」、「野豬波特」，都是愛爾類啤酒，每一款的口味也都是他自己的心頭好。

研發新口味與品牌經營　步步深耕

隨著前期釀造經驗的累積，技術面不再成阻礙，目前丁鼎花較多的時間在研發新口味與經營品牌。「希望每一款酒都能成為經典款，成為消費者心中『穩定習慣的存在』。」這是丁鼎對於自家產品的期許，因此水鹿並不急著推新酒款，而是以讓消費者真正愛上水鹿的酒為目標，全力推每一支啤酒。對丁鼎來說，「愛上」意謂在某些時候，就是得來杯「水鹿」！

由於台灣精釀啤酒大眾市場正起步，許多店家仍處於觀望狀態，因此只要有店家要求試喝，丁鼎與夥伴一定會親自到府，直接向店家介紹酒的特色，以及如何喝等細節，讓商家對水鹿的酒產生信心，也更清楚怎麼向客人介紹。透過這樣的方式，水鹿也能透過店家收到更多客人的反饋。台中以北到宜蘭都是丁鼎常跑的勢力範圍，南部則會集中排程一次拜訪。

近年音樂季盛行，水鹿也常受邀至現場擺攤，透過與消費者的直接互動，不但能得知消費者的第一手反饋，也能有效地建立起品牌形象。

鍾愛酒款　找到啤酒之於你的意義

　　採訪尾聲請丁鼎推薦一款他最愛的精釀啤酒，他毫不猶豫地說是捷克的微型精釀酒廠Pivovar Matuska。他說住在布拉格古城區時，離家不到十步路就有一家蘇聯式酒吧，牆上掛滿了斧頭、槌子、鐮刀，共產氛圍特別濃厚，每次想點酒都得撥開濃厚的煙霧，穿過一重重喝慣伏特加與啤酒、身形如熊的捷克大漢人牆，但Pivovar Matuska之於丁鼎的意義，就是如此一杯「冒著生命危險都要喝」的啤酒。這支啤酒也陪伴他熬過寫論文的苦悶日子。

　　丁鼎說，其實每個人心中所謂「好喝的酒」答案都不一樣，同樣一桶酒在不同的時間點，感受也會不一樣。最好的方法就是多嘗試，慢慢就會發現自己的喜好。而對於不愛啤酒或還沒試過精釀啤酒的人，他則引用法國朋友教他喝紅酒時說的「You have to learned it!」，鼓勵大家放膽嘗試，「每個人喜歡的口感和風味都不一樣，多嘗試，一定會找到適合自己的酒。」●

水鹿經典淡艾爾

小麥與蜂蜜的組合令人神往

| 酒標
設計 | 將性格高雅害羞的台灣原生
動物水鹿，認真享受著香甜 |

蜂蜜的模樣，用插畫合而為一。

類型	美式淡愛爾
原料	水、大麥、小麥、啤酒花、 酵母、蜂蜜
內容量	330ml
酒精濃度	5.5%
適飲溫度	6 ～ 10℃
香氣	荔枝、鳳梨等熱帶水果的香 氣
外觀	金黃色
酒體	輕～中等
苦度 (IBU)	40 IBUs
上市年份	2015 年 8 月
建議杯款	美式品脫杯
建議定價	150 元

本土小麥加上龍眼蜜，共同釀成了沁人心脾的香氣與細緻清爽的口感，麥芽的滋味包覆著蜜香，酒花香則在齒唇間四溢。一如水鹿在叢林中漫步遊走，於雲霧繚繞間倚頭相望。細細啜飲時的豐盈口感，就像是酒標上沉著享受蜂蜜的水鹿；撲鼻的熱帶水果香氣則是擬人化水鹿手裡的龍眼蜜，輕巧地點綴著。

水牛印度淡艾爾

傲人的苦度與雙份酒花香氣

當船開錨向遙遠的印度啟航，船艙內藏著一桶桶的鄉愁。雙份酒花抵禦了海風的侵襲，也開啟了偉大啤酒的時代。放肆的苦度有焦香麥芽支撐，成就了傲人的苦度與香氣。當船抵達這個崇敬水牛的國度，波折的航程終於苦盡甘來。

> **酒標設計** 以壯碩的水牛為酒標主角，象徵厚實的酒體與放肆的苦度，並特意讓水牛抱著松木，暗示此款啤酒酒花的運用以松針香氣為主導。

類型	印度淡愛爾 IPA	外觀	稍深的金黃色
原料	水、大麥、啤酒花、酵母	酒體	輕～中等。能夠感受到扎實的風味，滿足度極高。
內容量	330ml		
酒精濃度	6.2%		
適飲溫度	8～12℃	苦度（IBU）	75 IBUs
香氣	帶有松針、柑橘等熱帶水果香氣	上市年份	2016 年 5 月
		建議杯款	美式品脫杯
		建議定價	150 元

野豬咖啡波特

以烘烤麥芽為靈魂

工匠們秉持著野豬般的執拗，完美地打造每個工段。烘烤麥芽是野豬波特的靈魂，再加上一杯香濃咖啡。夏季的炎熱令勞動者揮汗如雨，特別適合飲用這支低酒精濃度的啤酒，喝來顯得輕鬆，不需過份冰涼即可帶出豐厚的咖啡與巧克力富足的香氣。滑入口中的每一口酒都能將疲憊催化成醉人的醇香，是平實又珍貴的獎勵。

> **酒標設計** 放空呆滯的眼神，啜飲著咖啡的工人野豬正充分的休息。濃順的波特緩緩入喉，與對桌休息的野豬一同享用波特啤酒，望著別人的疲憊，在自己的小天地裡偷閒。

類型	波特	外觀	深咖啡色
原料	水、大麥、蕎麥、啤酒花、酵母、咖啡	酒體	中等～醇厚
		苦度（IBU）	35 IBUs
內容量	330ml	上市年份	2016 年 8 月
酒精濃度	5.5%	建議杯款	美式品脫杯
適飲溫度	12～15℃	建議定價	150 元
香氣	巧克力與咖啡香		

O15

台灣／新北

啤酒頭釀造
Taiwan Head
Brewers Brewing
Company

text 楊喻婷 │ photo 雷昕澄 │ 影像提供 啤酒頭釀造

公司成立於　2015 年 03 月
第一支酒上市　2015 年 05 月

ADD 241 新北市三重區重安街 10 號
TEL 02-2974-5898
FB 啤酒頭

啤酒頭釀造 LOGO 設計

新北／三重區 ★

「二十四節氣」系列
刮起精釀啤酒旋風

葉奕辰

宋培弘

成立不到一年就奪下日本國際啤酒大賽（International Beer Cup，IBC）銀牌與銅牌，至今推出的十二款啤酒已經拿下八面獎牌，產品熱銷導致支支缺貨，道歉電話接不完，「啤酒頭釀造」的傲人成績與隻手刮起的「二十四節氣」精釀啤酒旋風，正悄悄引領著台灣精釀啤酒界的風向！

源於分享的創業初衷

　　成立於2015年春天的「啤酒頭釀造」，是由北台灣金牌釀酒師段淵傑（阿傑）、白天為工程師的台灣自釀社團創辦人宋培弘（Ray）、葉氏酵母創辦人葉奕辰三位來自不同專業領域的釀酒師共同創辦的。

　　談起創業的初衷，葉奕辰分享，理由真的非常簡單。就像是愛吃的人會想知道好吃的菜要如何煮，開始研究以後就會想讓更多人試試自己的手藝一樣，分享慾會濃烈到無法自拔，而且好東西就是會想跟人分享，不分享不行！「想把精釀啤酒放入市場，全都源自於想分享。」Ray說。

015

Made in

Taiwan

段淵傑

舉辦台灣自釀啤酒大賽　推廣在地啤酒文化

　　想要分享好東西的初衷，想讓更多人享受精釀啤酒的那份美妙，是三個人最在乎的，希望能透過「啤酒頭」的成立，用具體行動一步步改變台灣社會與台灣人對啤酒的認知，把精釀啤酒的文化與台灣精釀啤酒的整體高度拉升起來，「這也是當初想舉辦台灣自釀啤酒大賽的原因。」Ray說。

　　在公司正式成立前的草創期，三個人討論了長達近乎一年，畢竟許多在WTO開放後就投入民間釀造的業界前輩多半已壯烈戰死沙場。再加上近幾年大量進口的國外精釀啤酒大軍，如何達成自我期許，兼顧差異性與品牌辨識度，同時能夠真正站穩腳跟，成了他們最大的功課。

毛筆字中文酒標　獨樹一幟

　　「啤酒頭目前的成功，其實一大半來自於我們鎖定的客層。」Ray大方坦言，啤酒頭打從一開始就不是想吸引已經在喝的超級精釀啤酒迷，這些人目前在台灣的人口占比不到1%，且極度喜新厭舊，永遠都在追求更多更新的啤酒。「台灣還有太多人不認識精釀啤酒了，我們想吸引的是這些人，介紹他們認識精釀，這樣整個台灣的精釀市場才會更茁壯、更成熟。」

　　經過深入研究與團隊激盪後，他們推出「二十四節氣」啤酒，希望能與台灣風土產生最直接的連結，勾起最多台灣人的迴響，深耕在地文化也有助於未來走入國際、真切地代表台灣。

　　除了在地風味的號召，啤酒頭的酒標包裝同樣煞費苦心。以毛筆字書寫的

中文酒標，正是希望能在一整排的英文酒標之中鶴立雞群，並讓多數台灣人能以看得懂的中文字來選酒，就算出口到國外同樣特色十足。「一定要做出區隔，我們才能突破重圍。」Ray分享。

無懼甘苦　堅持使用自釀酵母

在地風味與中文酒標的成功，讓啤酒頭確實成功吸引了一批原先不喝啤酒、不認識精釀啤酒的年輕人，為市場注入一股全新且充滿希望的能量。但在成功定位與精準包裝之外，啤酒本身的風味同等重要。請他們談談如何調配與拿捏每一支酒的口味，他們不約而同地說：「討論配方是最有趣、最好玩的！」

三個人都擁有好幾年釀酒經驗，對配方與技術都有足夠的基礎，以首發系列二十四節氣啤酒為例，大家先討論出節氣意象以後，就會各自貢獻適合的酒譜，試釀試喝微調後寫好酒譜，再交給阿傑做最後把關。「自釀跟大批商業釀造還是不一樣，成本控管那些阿傑的經驗豐富，看一眼酒譜就知道行不行得通。」Ray說。

雖然三位創辦人都是釀酒師，但品牌經營比想像中更加困難，原料供應的缺乏、合作酒廠的設備不足、法規條件的嚴格限制等，數不清的困難與狀況頻頻，也有過因風味不如預期，直接將兩噸啤酒放水流的慘痛經驗。

一談起釀造，專研發酵的葉奕辰更說，釀酒廠裡最難管理的員工其實是酵母，試想一間公司有千千萬萬的員工（酵母）要做事，每位員工都有自己的個性、習慣與脾氣，或許是一點溫度、濕度或未知環節的差異，就會有截然不同的結果。台灣酒廠絕大部分是跟國外購買酵母，啤酒頭則是少數使用自釀酵母的品牌。

品味　釀酒師一生的功課

一樣的麥汁，用不同的酵母就有不同的變化，這是精釀啤酒最迷人之處。克服了酵母的難題後，技術上仍有無限關卡等待突破，釀酒失敗是家常便飯，每次都是經驗的累積，不過最終決定勝負的關鍵，往往超脫技術面的經驗準則，端看釀酒師的品味深度。

技術終將有限，品味卻無窮無盡，精釀啤酒喝的是釀酒師的心意，有他存在及放入生命經驗的軌跡；精釀啤酒不同於永遠只行駛在安全道路上、有著既定標準值的商業啤酒，充滿了安全感卻缺乏樂趣與冒險。精釀啤酒可創新、可大膽，還能玩安全感與平衡感的交縱遊戲，讓人能舒服在沙發上喝，也能像站在懸崖邊刺激，充滿了不同的變化與想像空間。

Ray認為，多喝，不斷地記錄、思考、閱讀與練習是釀酒師的每日list，更是一生做不完的功課。靠著點滴的累積，有天會發現自己釀的酒越來越好喝、風味越來越多元，終將能成為深度、品味兼具的好酒，無法被任何人複製。「能在精釀啤酒市場生存的平衡點是：不能離市場太遠，也不能離市場太近。穩定在剛剛好的位置，才有可能避免曲高和寡，或是不小心踏上商業啤酒之路。」

穩扎穩打　深耕台灣精釀文化

　　雖然啤酒頭已在業界與老顧客心中擁有舉足輕重的份量感，三人依舊覺得仍有許多不足必須精進。外界以為，近年來精釀啤酒的市場已逐漸成熟，越來越多的酒廠加入戰局，但身處其中的三人很清楚，現在還是黎明來臨前的黑暗期。

　　台灣比起日本、美國，精釀啤酒的市場落後近二、三十年，廣告永遠強調一飲而盡、夏日清涼豪飲的概念。但三人希望能從啤酒頭開始，為台灣注入新思維，把豪飲微調為品飲，每個季節都有適合的啤酒可飲用，甚至不需配重口味的食物，光靠精釀啤酒本身，就能嘗到一個浩瀚的風土小宇宙。

　　在黎明到來之前，還有太多的任務得執行。

　　認真釀酒、深耕品味、培養更多人對於精釀啤酒的認知與觀念，這條不好走的路，依舊回到最終的起點——「分享」。以酒創業，浪漫的部分只有想像，除此之外都是極為精準的科學對話。啤酒頭也依舊是那句老話：「我們想做出自己喜歡，天天喝也不會膩，放在酒櫃裡覺得很漂亮的啤酒。」Ray說，「而且大家都在看我們的成績，太多人推動著啤酒頭前進，真的不得不往前啊！」●

立夏 APA 啤酒

2016 世界啤酒大獎台灣地區金牌

酒標
設計 酒標以東方的漢字為主體，由台灣書法家吳鳴先生依著二十四節氣題字，呈現從這塊土地上出發，眷戀春夏秋冬四季輪轉的心情。

類型	American Pale Ale（美式淺色愛爾）
原料	水、麥芽、啤酒花、酵母
內容量	330ml
酒精濃度	5%
適飲溫度	8～12℃
香氣	柑橘、荔枝香氣與麥芽香的結合
外觀	淺琥珀色
酒體	輕盈
苦度（IBU）	30 IBUs
上市年份	2015 年 5 月
建議杯款	品脫杯
建議定價	120 元

2016年世界啤酒大獎（World Beer Awards）淺色愛爾組台灣地區金牌、2015年日本國際啤酒大賽（International Beer Cup）美式淺色愛爾組銀賞。節氣「立夏」代表夏天之始，「立」是建始，「夏」是假大，表示時序已換季，邁入夏季。此時春天栽種的作物開始長大，昆蟲開始騷動，是進入農忙時節的前奏曲。「立夏」以大量的美系啤酒花釀造，酒色清澈淡雅，靠近鼻尖一聞可感受到荔枝、柚子與百香果的逼人香氣，清爽的麥芽味與輕盈的酒體，展現著夏天啤酒的易飲性，是炎熱夏季來臨前的良伴。

穀雨茶啤酒
Taiwan Tea Ale

以春茶入酒的和煦雅韻

節氣「穀雨」在「清明」之後，此時雨水增加，作物增長，古諺「穀雨始，萬物生」。穀雨是與茶葉連結最深的節氣，這支「穀雨茶啤酒」加入台灣本地栽種的烏龍茶釀造，濃厚麥芽味和烏龍茶香搭配比利時酵母獨特的甘醇，顏色淡並保留瓶內發酵的酵母，是一首和諧的春天之歌。

類型	Belgian Pale Ale（比利時淺色愛爾）		灣烏龍茶的茶感與喉韻
原料	水、麥芽、啤酒花、酵母、糖、台灣茶葉	外觀	淺琥珀色
		酒體	中等。扎實的風味與烏龍茶尾韻堆疊出巧妙的平衡
內容量	330ml		
酒精濃度	6%	苦度(IBU)	21 IBUs
適飲溫度	8～12℃	上市年份	2015 年 5 月
香氣	比利時酵母特有的果香與麥芽交織，搭配台	建議杯款	鬱金香杯
		建議定價	120 元

夏至小麥啤酒

夏日晚風裡的沁涼小麥啤酒

「夏至」是北半球白晝最長的一天，暑氣和陽氣也在這一天來到極致。值此時節，農作物皆已熟透，最怕颱風，故有農諺「夏至稻仔早晚鋸、夏至風颱就出世」，謂之梅雨季結束、颱風季的來臨。此支酒使用大量的美系酒花創造熱帶水果與柑橘香氣，伴隨著台灣大雅小麥帶來的輕盈酒體，最適合在夏日晚風裡，襯以棗花和月季花的幽香飲用。

類型	American Wheat Beer（美式小麥啤酒）	香氣	芒果、紅心芭樂與柑橘香氣，展現夏日的熱帶風情
原料	水、麥芽、啤酒花、酵母、喜願小麥（台中選2號）	外觀	淺白色，呈現小麥啤酒慣有的混濁外觀
		酒體	輕盈
內容量	330ml	苦度(IBU)	18 IBUs
酒精濃度	5.1%	上市年份	2015 年 7 月
適飲溫度	4～7℃	建議杯款	品脫杯
		建議定價	120 元

立秋茶啤酒 Taiwan Tea Ale 2

2015 日本國際啤酒大賽銅賞

酒標設計	酒標以東方的漢字為主體，由台灣書法家吳鳴先生依著二十四節氣題字，呈現從這塊土地上出發，眷戀春夏秋冬四季輪轉的心情。

類型	English Pale Ale（英式淺色愛爾）
原料	水、麥芽、啤酒花、酵母、糖、台灣茶葉
內容量	330ml
酒精濃度	6.3%
適飲溫度	12 ～ 14℃
香氣	英國酵母帶來的果香味與東方美人茶的蜜果味
外觀	琥珀色
酒體	中等酒體，尾韻中若隱若現的茶感與蜜香
苦度（IBU）	40 IBUs
上市年份	2015 年 7 月
建議杯款	鬱金香杯
建議定價	140 元

2015年日本國際啤酒大賽（International Beer Cup）Experimental Beer Style組銅賞。時至立秋，「涼風至、白露降、寒蟬鳴」。一百多年前從台灣出口的東方美人茶曾使維多利亞女王驚豔不已，賜美名「Oriental Beauty」。舊時光的再現，東西國飲相遇的美妙激盪，雙雙體現於「立秋茶啤酒」之中。這支酒有著英系啤酒特有的飽滿麥芽甜香，佐以小綠葉蟬著涎過的東方美人茶，讓蜂蜜味與熟果香氣融入啤酒中，意圖重現百年前東西相會的傳奇史詩。

大暑 IPA 啤酒

2016 世界啤酒大獎台灣地區金牌

| 酒標設計 | 酒標以東方的漢字為主體，由台灣書法家吳鳴先生依著二十四節氣題字，呈現從這塊土地上出發，眷戀春夏秋冬四季輪轉的心情。 |

類型	India Pale Ale（印度淺色愛爾）
原料	水、麥芽、啤酒花、酵母、台灣茉莉花
內容量	330ml
酒精濃度	6.7%
適飲溫度	8～12℃
香氣	柑橘、葡萄柚皮與茉莉花的香氣
外觀	琥珀色
酒體	輕至中等。香氣重，苦味明顯
苦度（IBU）	52 IBUs
上市年份	2015 年 9 月
建議杯款	品脫杯
建議定價	130 元

2016年世界啤酒大獎（World Beer Awards）印度淺色愛爾組台灣地區金牌、2016年澳洲國際啤酒大賽（Australian International Beer Awards）Other IPA組銅牌。夏季最後一個節氣「大暑」是夏天的結尾，俗話「大暑小暑無君子」指的就是人們因燥熱不堪而不顧禮儀的樣子。「大暑」加入了台灣彰化花壇所種植的無毒茉莉花，用熱帶世界的花香調和美系的啤酒花，讓強烈濃郁的茉莉香氣與如同繁花盛開、層層疊疊的啤酒花香味，幻化成夏夜味蕾上的綺麗花火，伴隨著IPA成熟厚重的啤酒花苦味，為揮汗如雨的夏日畫上回甘的句點。

立冬茶啤酒
Taiwan Tea Ale 3

深褐色的熟果茶香

2016年世界啤酒大獎（World Beer Awards）香料增味組（Herb & Spice）台灣地區優勝。「稻成熟，入冬田頭空」，節氣「立冬」是冬天的開始，也是農忙時節的結束。天氣開始轉涼，草木凋零，蟄蟲伏藏，萬物活動趨向休止，養精蓄銳，為來春生機勃發做準備。「立冬」以比利時的雙倍啤酒特有的焦糖與水果酯香氣，佐以台灣的鐵觀音茶葉「中發酵，重焙火」帶來的熟果茶香。「質重如鐵，面如觀音」，正是這款冬季啤酒的最佳詮釋。

類型	Belgian Dubbel（比利時雙倍啤酒）		與鐵觀音茶帶來的蘭花香
		外觀	深褐色
原料	水、麥芽、啤酒花、酵母、糖、台灣茶葉	酒體	中等至厚重，尾韻中若隱若現的茶感與乾果味
內容量	330ml		
酒精濃度	7.2%	苦度（IBU）	20 IBUs
適飲溫度	12～14℃	上市年份	2015 年 11 月
香氣	比利時酵母帶來的熟果香氣	建議杯款	鬱金香杯
		建議定價	130 元

雨水茶啤酒
Taiwan Tea Ale 4

蘇格蘭愛爾與金萱的合奏

2016年世界啤酒大獎（World Beer Awards）實驗組（Experimental）台灣地區優勝。「春回大地」是節氣「雨水」給人的第一印象，此時氣溫回暖，冰雪融化，降雨增多，農人仰賴此時的雨水滋潤剛播種的春耕作物。「雨水」以蘇格蘭愛爾風格的渾厚麥芽香氣以及微甜尾韻，配搭台灣茶葉改良的特有品種「金萱」所帶來的香甜茶韻與淡淡奶香。春雨綿綿，恰好品嘗濕冷蘇格蘭與台灣金萱共譜的詩情畫意。

類型	Scotch Ale（蘇格蘭愛爾）	外觀	深琥珀色
原料	水、麥芽、啤酒花、酵母、糖、台灣茶葉	酒體	中等，尾韻中有蘇格蘭愛爾特有的麥芽甜味與金萱茶感
內容量	330ml	苦度（IBU）	26 IBUs
酒精濃度	6.6%	上市年份	2016 年 3 月
適飲溫度	8～12℃	建議杯款	鬱金香杯
香氣	濃厚的麥芽香氣，縈繞淡淡的金萱茶奶香	建議定價	130 元

小寒巧克力啤酒

2016 亞洲啤酒大賽金賞

酒標設計	酒標以東方的漢字為主體，由台灣書法家吳鳴先生依著二十四節氣題字，呈現從這塊土地上出發，眷戀春夏秋冬四季輪轉的心情。

類型	Chocolate Stout（巧克力司陶特）
原料	水、麥芽、啤酒花、酵母、台灣可可豆
內容量	330ml
酒精濃度	7.5%
適飲溫度	12 ～ 14℃
香氣	深色麥芽帶來的焦香氣與烤吐司邊香，與台灣可可豆香氣的堆疊
外觀	深褐色至黑色
酒體	厚重飽滿
苦度（IBU）	36 IBUs
上市年份	2016 年 1 月
建議杯款	鬱金香杯
建議定價	130 元

2016年亞洲啤酒大賽（Asia Beer Cup）Flavour Beer組金賞。「小寒」是一年中最寒冷的季節，萬物蟄伏，等待冬天的過去。古諺有云：「雁北鄉、鵲始巢」，代表著雁群知先機而北返，喜鵲預知冬天將過開始築巢。既然是過冬的酒，以英式司陶特啤酒為基底，並部分使用來自台灣屏東的可可豆，讓深色麥芽所產生的重烘焙與咖啡香氣，搭配台灣巧克力的醇美質地，調和出屬於台灣在地的冬天啤酒。

清明煙燻啤酒

濃得化不開的煙燻艾草

「清明」是春天的節氣，「萬物生長此時，皆清潔而明淨」，更是華人的四大節日之一，傳統祭祖掃墓，表達對祖先的緬懷思念之情。以德國煙燻啤酒為基底的「清明煙燻啤酒」有著飽滿厚重的麥芽與煙燻風味。傳統德國酒廠會以山毛櫸烘焙過的麥芽來釀造，這裡則加入台灣艾草焚燒後的餘燼，象徵著生命的結束與復歸。

類型	Rauchbier（德國煙燻啤酒）	外觀	琥珀色
		酒體	輕至中等
原料	水、麥芽、啤酒花、酵母、台灣艾草	苦度 (IBU)	22 IBUs
		上市年份	2016 年 5 月
內容量	330ml	建議杯款	品脫杯或鬱金香杯
酒精濃度	5.5%		
適飲溫度	8～12℃	建議定價	130 元
香氣	麥芽帶來的餅乾與麵包香，伴隨著煙燻艾草香		

小滿冬瓜茶啤酒

再熟悉不過的憨直冬瓜茶香

「小滿」在「立夏」之後，此時天氣逐漸加溫，梅雨持續不斷，夏熟作物漸趨飽滿，「小滿者，物至於此小得盈滿」，代表的正是農家對豐收的殷殷期盼。這支酒以比利時淺色愛爾啤酒為底，將比利時啤酒中慣用的甜菜糖以台灣特有的冬瓜茶糖來替代。冬瓜茶是台灣特有的飲品，出現在這塊土地上已超過百年，既鎮熱消暑，也是台灣人最熟悉的兒時風味。

類型	Belgian Pale Ale（比利時淺色愛爾）	外觀	淺琥珀色
		酒體	輕至中等，尾韻由冬瓜茶之甜交雜啤酒花之苦
原料	水、麥芽、啤酒花、酵母、台灣冬瓜茶磚	苦度 (IBU)	19 IBUs
		上市年份	2016 年 7 月
內容量	330ml	建議杯款	品脫杯或鬱金香杯
酒精濃度	5.5%		
適飲溫度	8～12℃	建議定價	130 元
香氣	傳統冬瓜茶的濃郁芳香，搭配比利時酵母的果香		

小暑 Session 啤酒

輕盈版的「大暑」

做夢狗迎冬啤酒

高達 9% 的酒精度讓人醺然欲醉

「小暑」的到來意謂著夏天已過一半，但天氣仍然逐步增溫，一如《曆書》所說「時天氣已熱，尚未達於極點，故名小暑。」這支「小暑Session Ale」是「大暑」的輕盈版，同樣使用台灣彰化花壇的茉莉花，並適度地降低酒精度與酒體，並保持著美式啤酒花的溫柔芬芳，讓人在炎熱的夏天，能夠盡情享受由上而下澆灌全身的清涼感，喝來毫無負擔。

失眠時，可以睡著就是幸福。Bacha是隻流浪漢養的狗，總是能在各種環境下安心地睡著還能做夢。「做夢狗」加入了台灣後山種植的土肉桂，厚實的酒體與高達9%的酒精度，讓人能心神安定的睡去，享受夢的綺麗與甜美。啤酒頭釀造期望能為台灣豐沛的藝術創造力提供舞台，特邀Bacha與插畫家李宜蓁擔任夢境的使者，也是啤酒頭釀造與台灣藝術家合作系列的開端。

類型	American Session Ale（美式季節啤酒）
原料	水、麥芽、啤酒花、酵母、台灣茉莉花
內容量	330ml
酒精濃度	4.5%
適飲溫度	4～8℃
香氣	適度的美式啤酒花香氣，柑橘、鳳梨與葡萄柚的香味
外觀	淺金黃色
酒體	輕盈，適度的苦味，略低的酒精度
苦度（IBU）	19 IBUs
上市年份	2016 年 8 月
建議杯款	品脫杯
建議定價	120 元

> **酒標設計** 李宜蓁擅長針筆插畫，天馬行空的主題搭配細膩的針筆筆觸，往往能在最細微處發現她的柔軟思緒。

類型	Winter Seasonal Ale（冬季啤酒）
原料	水、麥芽、啤酒花、酵母、台灣土肉桂
內容量	330ml
酒精濃度	9%
適飲溫度	8～12℃
香氣	麥芽香氣調合台灣土肉桂帶來的香料風味，搭配英式酵母的水果酯香
外觀	褐色
酒體	飽滿，尾韻略帶甜味
苦度（IBU）	30 IBUs
上市年份	2016 年 9 月
建議杯款	聞香杯
建議定價	130 元

台灣／宜蘭

吉姆老爹啤酒工場
Jim & Dad's
Brewing
Company

text 張倫 | photo 張藝霖 | 影像提供 吉姆老爹

公司成立於	2013 年 10 月
酒證核發於	2015 年 08 月
第一支酒上市	2015 年 08 月

ADD 264 宜蘭員山鄉員山路二段 411 號
TEL 03-922-7199
TIME 11:00 ～ 18:00（週二公休）
WEB janddbrewing.com

吉姆老爹啤酒工場 LOGO 設計

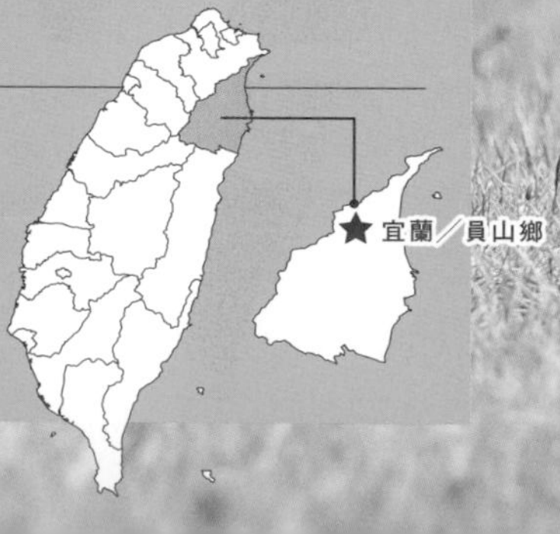

★ 宜蘭／員山鄉

吉姆老爹啤酒
工場

Jim & Dad's Brewing
Company

以啤酒酒莊
打造宜蘭在地精釀文化

創辦人兼釀酒師宋慶文

雪山脈系延伸的青峰翠綠蔥籠橫臥眼前，蜿蜒流經的蘭陽溪從後方溫柔環抱著一座坐擁大片盈綠草地的歐式莊園，「吉姆老爹啤酒工場」位處宜蘭員山鄉，是一家致力推行精釀啤酒文化的觀光工廠。

舊金山的酒莊文化體驗

在百花齊放的台灣精釀啤酒新興品牌之中，選擇經營觀光工廠，向大眾開放釀酒過程，走出一條與眾不同的路線，一切得從創辦人Jim（宋慶文）的留學生涯說起。

話說當年Jim在美國舊金山灣區攻讀學業時，十分喜愛嘗試當地風行的手工精釀啤酒，那時的他深深驚訝於精釀啤酒的天地之廣大，不管是種類的豐富性或風味的多變性，可說皆位居各種酒類之首。

假日時，Jim則常常流連鄰近以紅酒酒莊聞名世界的Napa Valley，在那

裡不光是品嘗醇酒，各式各樣風味別致的料理、輕鬆悠閒的鄉間漫步，無不是令人愉悅的享受，更讓他對於酒莊文化有深入的認識。

從自釀開始，打造夢想觀光酒莊

回台灣後，Jim進入台灣排名前四大的會計事務所上班，過起大公司小職員的打拚日子。到了周末，有感於自己應該培養一份興趣跳脫制式生活，想起了求學時喜歡品飲的精釀啤酒，開始上網搜尋自釀資訊。

「我先跑到傳統菜市場採買大湯鍋、玻璃甕，託朋友從美國帶回酵母、麥芽、啤酒花等原料，然後一個人悶著頭在自家廚房熬煮麥汁、用豆漿袋過濾麥渣、倒進浴缸放涼、裝瓶，還趁家人外出時偷偷把我爸媽的紅酒恆溫櫃清空，調好溫度，塞進一甕甕啤酒。」回憶起那段初期自釀歲月，Jim猶帶稚氣的年輕臉龐流露出小孩般的頑皮笑容。

每到周末，Jim總是沉迷於釀造世界中不可自拔，完全沒料到就在短短幾個月之後，他拿下了2013年「第二屆台灣自釀啤酒大賽」的低酒精組冠軍！

獲獎後，Jim和父親開始萌生製造販售啤酒和大眾分享的想法，但是該如何進行呢？笑稱平日作息像農夫一樣日出而作日落而息的Jim，並不喜愛常和酒精飲料畫上等號的夜店生活，因此酒吧等通路並非他的首選。他的心頭浮現出加州Napa Valley有如天堂般的酒莊景致，自問在台灣，精釀啤酒是否也能創造出如此具有深度、值得遊訪的休閒文化？精釀啤酒觀光工廠的想法於此漸漸成形。

在水的故鄉　打造釀酒觀光事業

正好，Jim的父親經營工廠已三十餘年，擁有開設廠房的豐富經驗，父子倆著手尋找地點，來到風景與水質皆優的宜蘭員山，這裡的水源來自雪山山脈，有「水的故鄉」美譽，更孕育出了世界評比第一名的噶瑪蘭威士忌。

本來只是一介公司職員的Jim，面對全然陌生的創建之路，這才知道原來規畫一間工廠、蓋廠房、釀酒、營業，有多少的事情與環節，全都是過去根本無法想像的。為此他深深感謝父親全心全力的協助：「任何工廠的核心都是電、水、溫度、壓力，接下來才是你要怎麼樣運用這些設備去生產，而且當你量產時，有很多因素是需要經過精密計算的，如果不是父親在管線、配電、自動控制等方面的專業規畫，酒廠不可能運作得這麼順利。」他直笑說自己很幸運，能在二十幾歲的年紀有機會體驗這一切。

1 酒莊興建時，Jim 就在工地旁的空地釀酒。

開始釀酒之後，Jim和也喜歡品飲啤酒的父親越來越有話聊，無時無刻總是可以看到他們父子倆端著一杯酒評東論西。發想公司名字時，Jim的妹妹走過來丟下一句：「你們兩個老是和在一塊，乾脆叫『Jim & Dad's』就好啦！」，Jim一想，這名字聽起來簡單，卻很有親切的家庭感，而且又能標誌父親的重要貢獻，還有什麼比這更有意義的名字呢？於是乎，Jim & Dad's吉姆老爹啤酒工場，名正言順誕生！

酸香辛的完美平衡　開發獨有風味

在全部酒款之中，Jim認為釀造難度最高的是小麥白啤酒。吉姆老爹的小麥全來自台中大雅生產，原料占比高達50%，使用量可謂現今台灣所有精釀啤酒之冠。採用生小麥而非小麥芽，還加入芫荽籽、橘皮等副原料，技術上必須克服很多難題。

Jim面有得色：「其實這也是我最驕傲的一支酒，它凸顯了我們釀造技術的成熟，能掌握相當複雜的數據計算，這支酒的口感很溫順，有點酸、香甚至辛辣，全部完美地balance在一起。」

坐在歐式風格的酒莊大廳裡，翻開酒單，每一支酒背後都隱藏了一個有趣的故事，只要你願意，Jim很樂意慢慢說給你聽。「酒莊跟工廠還在蓋時，我每天在工地旁邊釀酒，研發口味與調整配方，有工人嗆聲說他什麼啤酒都喝過了，但說來說去，他們喝到的啤酒其實都是同一種，也就是市面上最常見的皮爾森型啤酒。」

不甘心之餘，Jim特地釀了一支黑啤酒請工班大叔們喝，他們一喝立刻改口：「這真的不一樣喔！比較好喝、比較醇厚啦！」Jim從那時體驗到，要引導大家走入精釀啤酒的世界，光說不練是沒用的，不如直接讓他喝喝看，為他打開那一扇門。

2 為了推廣，酒莊大門旁種有好幾株啤酒花，並與農場契作大規模的啤酒花種植，希望未來有機會用台灣產的啤酒花來釀酒。

3 Jim把用完的麥芽空袋子高高掛起當成裝飾。

4 研發時期使用的設備現在暫時性的功成身退，靜佇一旁。

季節限定酒款 供不應求

目前在吉姆老爹啤酒工場的酒單上只有四支常態供應的酒款：黑啤酒、淡色艾爾、酒花艾爾和小麥白啤酒，以保留其他酒款的更動彈性，新的酒款一旦釀造成功就會推出；舊的酒款也可能隨著季節更迭而下架。

比如2015年中秋節上市的柚香啤酒、農曆年節前後的金棗啤酒，都採用了新鮮台灣水果釀製，推出之際廣受歡迎、供不應求，但只要一過水果產期，賣完即成絕響，絕不落入大量生產、全年販售的商業模式。

Jim的腦袋裡永遠發想著各種釀酒的idea，他認為，走過品飲者、自釀者到觀光工廠這段路，自己對待啤酒的心態越來越開放，從自以為很懂，到了解你永遠不夠懂，一旦翻這個山頭，又會發現另一座高山。「這應該也是種成長吧！」Jim說。●

宜蘭騎士：小麥白艾爾
Yilan Ride, White Ale

以 100% 台中大雅小麥製作

這支酒裡的小麥100%全部採用台中大雅產的生小麥，利用繁雜的Double Mash技巧糖化。為了忠實呈現傳統比利時小麥白啤酒的麥汁口感，另加入燕麥片和酸性麥芽，帶出微酸的creamy口感。麥汁發酵前，熱沖過芫荽籽和橘皮，以激出輕盈的辛香氣味，並讓獨特的清香進入準備發酵的麥汁中。喝起來清爽易飲。

以蘭陽農田為酒標主題，遠景則是龜山島剪影，以樸實的插畫手法描繪出宜蘭的地貌特徵。配色同樣選用樂活田園風格。（酒標設計）

類型	比利時 Witbier	香氣	清爽、淡香、微酸
原料	橘皮、台中生小麥、皮爾森大麥芽、燕麥、酸性麥芽、Saaz 啤酒花、芫荽籽、酵母、水	外觀	淡黃色。大量使用台灣小麥，酒體比較濁
		酒體	輕盈易飲，非常平衡
內容量	330ml	苦度 (IBU)	13 IBUs
酒精濃度	4%	上市年份	2016 年
適飲溫度	5 ～ 10℃	建議杯款	小麥啤酒杯
		建議定價	120 元

淡色艾爾 Pale Ale

C 系列酒花的盡情展現

使用Centennial和Cascade兩種經典美系啤酒花，分四個階段投入，帶出明確柑橘皮與檸檬香氣。些許焦香麥芽的運用則讓酒體喝起來顯得圓潤，並帶有餅乾與堅果的味道。對啤酒花不熟悉的人，C開頭系列的啤酒花最能詮釋啤酒花誘人的果皮香氣與苦味平衡，甚至會誤以為啤酒是甜的！

類型	American Pale Ale	外觀	暗橘色酒體，綿密細緻的泡沫
原料	淡色大麥芽、焦香麥芽、啤酒花（Centennial、Cascade）、酵母、水	酒體	以酒花的柑橘味迎合麥芽與酵母的麵包餅乾味，甘苦間的極致平衡
內容量	330ml	苦度 (IBU)	53 IBUs
酒精濃度	5%	上市年份	2015 年
適飲溫度	7 ～ 12℃	建議杯款	美式品脫杯
香氣	柑橘皮、檸檬皮、熱帶水果等	建議定價	120 元

黑艾爾 Dark Ale

豪飲小酌都適宜的黑啤酒

使用兩種不一樣色度的深色麥芽，旨在把製作深色麥芽時的烘焙香味與煙燻味帶出來。雖然夠味，但是釀酒配方簡單，酒體並不厚重，可以細細品嘗，也可以輕鬆暢飲。獻給每一位曾經興築吉姆老爹啤酒工場的工人們。

類型	Brown Ale	外觀	深焙咖啡色
原料	淡色大麥芽、焦香麥芽、焦黑麥芽、Magnum 啤酒花、酵母、水	酒體	不厚重，入口先感受到煙燻味，尾韻收得很乾淨
內容量	330ml	苦度 (IBU)	18 IBUs
酒精濃度	5.1%	上市年份	2015 年
適飲溫度	7 ～ 12℃	建議杯款	品脫杯
香氣	煙燻、烘焙、咖啡	建議定價	120 元

酒花艾爾 India Pale Ale

足以震醒味蕾的鮮明啤酒花

IPA使用的麥芽和酵母都很單一，但往往使用多種且大量的啤酒花。除了較高的酒精濃度，啤酒花多元且鮮明的香氣，正是這支酒的強調重點。這支IPA使用了大量的Amarillo與Simcoe啤酒花，其中最凸出的是荔枝香氣。另外，IPA的苦味既是特徵也是魅力所在，濃香苦三種強烈的結合，相當值得嘗試。

類型	American IPA	外觀	亮橘色，綿密細緻的持久泡沫
原料	淡色大麥芽、慕尼黑麥芽、啤酒花（Amarillo、Simcoe）、酵母、水	酒體	厚實，濃郁酒花營造出豐富層次口感，明確的苦味讓尾韻回甘更明顯
內容量	330ml	苦度 (IBU)	67 IBUs
酒精濃度	7%	上市年份	2015 年
適飲溫度	10 ～ 15℃	建議杯款	美式品脫杯
香氣	荔枝殼與熱帶水果香	建議定價	120 元

台灣／屏東

恆春 3000 啤酒博物館
Hengchun 3000 Brewseum

text 許花 | photo 陳泓名 | 影像提供 恆春 3000

公司成立於　2005 年 03 月
酒證核發於　2015 年 10 月
第一支酒上市　2016 年 03 月

ADD　946 屏東縣恆春鎮草埔路 29-1 號
TEL　08-888-1002
TIME　11:00 ～ 22:00
FB　恆春 3000 啤酒博物館

恆春 3000 啤酒博物館 LOGO 設計

屏東／恆春鎮

017

恆春3000啤酒博物館

Hengchun 3000 Brewseum

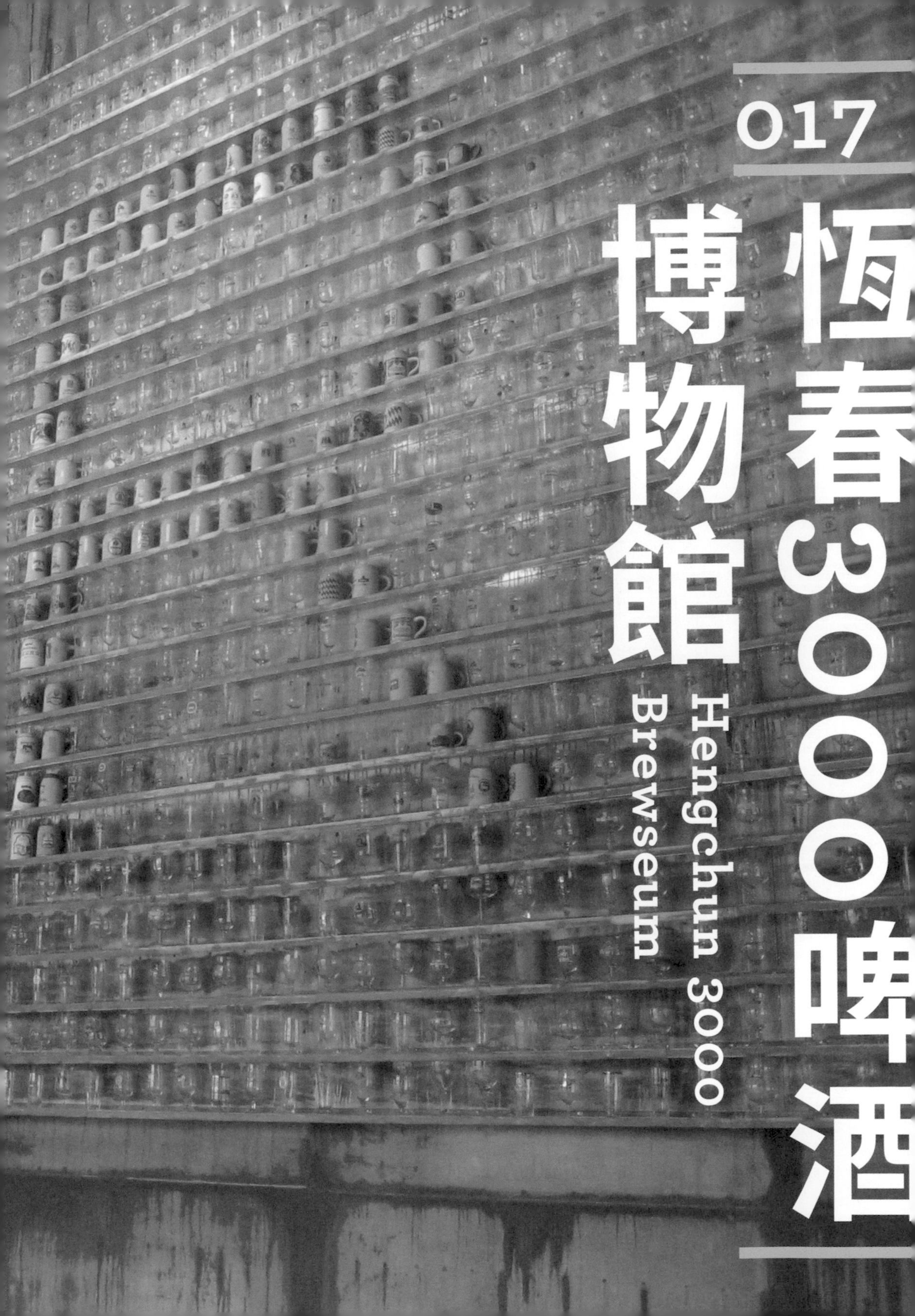

國境之南
品飲美食與知識
結合的精釀大千

創辦人鍾文清

釀酒師陳嘉宏

Made in Taiwan

　　出身「雞籠」（基隆）、工作於「打狗」（高雄），踏上「瑯嶠」（恆春）開創啤酒博物館，一個一路南下的男人──鍾文清，曾是煉鋼人的他，因著網路引領走向自釀啤酒的世界，遇上出身高雄、北上創立「哈克釀酒」後返鄉的阿宏（陳嘉宏），以及屏東車埕人的主廚大毛，三個大男生因酒際會，共同在酒花尚未盛開之地，徒手拓荒，籌備歷時整整七年，在台灣最南端的恆春打造了一個融合博物館、自釀啤酒餐館（Brewpub）及啤酒工廠的複合式空間，「恆春3000啤酒博物館」將Brew（釀酒）結合Museum（博物館），是一間魅力十足的Brewseum（啤酒博物館），釀酒、歷史考古、研發菜色，一杯杯自釀麥酒拉出了一道道時間之經、地理之緯，歡迎著眾人共享精釀啤酒的大千世界。

啤酒文化的跨時空展現

　　走進剛開幕四個多月的「恆春3000」，映入眼簾的是長達18公尺有著25層架高的巨大啤酒杯牆。沒錯！「牆」如其名，架上擺滿的3,000個酒杯，正是創辦人鍾文清歷時七年陸續從德、法、比利時等地蒐集而來的心血結晶。來自不同酒廠的玻璃杯及陶杯，排成一個大大的BEER，是用PowerPoint模擬出來再手工排列的成果，鍾文清說：「一開始單純只是想把（蒐集來的）啤酒杯都丟上去」。另一側牆面那幅高7.2公尺寬4.8公尺的巨型蒙娜麗莎像，亦由8,400張酒標一張張拼貼而成。供酒區裡還有台灣極為罕見的英國傳統手拉式打酒器（Hand Pump）。這一切背後的推手，都是鍾文清，一個不僅愛釀酒，也熱愛啤酒歷史的收藏家。

　　「恆春3000」二樓展出了許多極其珍貴的歷史原件，包含世界最早的罐裝啤酒——1935年1月24日出產的Krueger's Ale及Krueger's Finest Beer、日本最早的罐裝啤酒——1958年的ASAHI，以及台灣第一個自釀啤酒「美啤斯」玻璃啤酒杯；還有十六世紀英國酒館的代幣、四百年歷史的啤酒花圖片原件（取自德國植物誌古書）及1845年出版的木刻大麥圖片書頁等。不大的展示空間囊括了啤酒歷史、製酒工具、契約文書、貨幣及飲酒器具等罕見的釀酒古物，都是鍾文清投身自釀啤酒十多年來「不小心」一個個從世界各地蒐集而來。

　　鍾文清本人像是一本會走動的啤酒百科全書，講起自釀啤酒歷史有著信手拈來的功力，從裝酒器具、釀造歷史到酒具與民族性格及階級制度的關聯均侃侃而談，「歐洲釀酒的歷史長達六千年，啤酒當時是一種食物，生活的一部分，每個村莊都有小酒廠」，講起話來不慍不火的鍾文清以考古家的細膩及拓荒者勇於嘗試的性格，一步步細膩扎實的鑽研、親力親為的實作，打造出了台灣前所未見的自釀啤酒餐館及博物展示複合空間。「如果考慮太多，就做不成了！」他這麼說。

不只釀酒，還推廣精釀文化

　　2002年台灣加入WTO後，菸酒專賣走入歷史，台灣民間自釀啤酒得以萌芽。拜網路之賜，鍾文清成為早期踏上台灣精釀啤酒拓荒之路的先驅者之一，為了學習釀酒技術，當時四十多歲從中鋼退休的他特地遠赴美國舊金山取經，學習釀酒技術，2006年於高雄小港創辦「打狗地麥酒」。然而鍾文清說，當時還是精釀啤酒的「冰河期，台中以南只有打狗地麥酒一家精釀酒廠……大家搞不清楚（精釀啤酒是什麼）」。

　　收掉「打狗地麥酒」時，鍾文清也一邊在屏東看地，想打造一個結合自釀啤酒廠、博物館及餐酒館的空間。從一片荒地拔地而起的恆春3000，比「打狗地麥酒」擘畫著更大的理想藍圖──不只釀酒，還推廣精釀文化。

　　鍾文清想打造餐酒館的想法，最早可追溯至台灣第一家自釀酒廠「台精統股份有限公司」在高雄打造的第一家台灣自釀啤酒餐館「美啤斯」。「台精統」，台灣精釀啤酒系統，也為台灣自釀啤酒奠定了「精釀啤酒」一詞。許多精釀啤酒的第一都從南台灣萌芽，命運自有其巧妙的安排，如今台灣第一家啤酒博物館也誕生於豔陽醉人的國境之南。

　　在打狗地麥酒時期便暱稱為Barley（巴大叔）的鍾文清，當時為了創辦「打狗地麥酒」，向日本購買了東歐製的二手釀酒設備回來自行整修、改裝、配管，為了瞭解板式熱交換器的運作，硬著頭皮自己畫圖傳去原廠問設備的運作方式，他在部落格自述「為了向東歐原廠家要資料，真的是求爺爺告奶奶，實在不堪回首！」當時準備工作花了約半年，這套設備現已「傳承」到恆春3000，釀酒的作業巴大叔也放手讓釀酒師阿宏做主，自己專心投入博物館的營運管理與行銷。

自釀狂熱份子、啤酒考古學家與啤酒大廚的相遇

　　阿宏也是早期便投身自釀啤酒的先驅之一。大學念化工的他，最早因修課而有了製作蒸餾酒的經驗，某天騎車路過高雄的比利時啤酒專賣店「麥米

魯」，喝到人生中第一罐精釀啤酒，驚為天人，酒一入喉「哇！這太厲害了！」的驚嘆，從此踏上自釀不歸路，還與一群同好創立「自釀啤酒狂熱份子俱樂部」，並跟朋友陳銘德共同創立「哈克釀酒」（參見52頁）。

上網爬文配合查英文單字自學、用東元小鮮綠冰箱跟保麗龍充當控溫設備、去鳥店買麥子泡水發芽釀酒等，為了自己釀出一桶啤酒，阿宏任何瘋狂行徑都做過。與巴大叔的相遇，始於高雄卡夫特Craft精釀啤酒專賣店，標準的因酒結緣，阿宏也就在離開創辦的哈克釀酒後落腳恆春，成為恆春3000的釀酒師。對於味道不輕易妥協的他，丟酒從來不手軟，身為一位台灣的精釀啤酒釀酒師，他期待台灣消費者不要因為是MIT而寬容，有要求的消費者才可以訓練出足以媲美國際水準的釀酒師。

博物館另一個靈魂人物是主廚大毛，出身於屏東車埕，有著豐富經歷的他曾在高雄「新天地餐飲集團」及「新台灣原味餐廳」等知名餐廳工作，就在北上新竹任職前際，意外在恆春喝酒時與鍾文清「認親」，原來大毛在「打狗地麥酒」時期就跟巴大叔買過酒，自己也很早就開始喝精釀，那一次的相遇讓大毛決定待在恆春，取消北上的安排。

二樓的博物館展示空間動線流暢、安排得宜。

技術、知識與美食結合的自釀經驗值

身為恆春唯二的啤酒廠（另一家是「台灣青啤股份有限公司」的龍泉啤酒廠）、唯一的精釀啤酒廠，以及全台唯一複合餐酒館、啤酒博物館及啤酒廠的前驅，三個有著不同專長與性格，但因精釀啤酒聚首的大男生，一同在日常生活中激盪創意、討論想法、試菜品酒，將啤酒融入生活。想做就去try，以行動累積經驗值。

既然是啤酒博物館，他們想盡可能呈現各國與各種風格的多元啤酒風貌。目前總共推出了九款啤酒，皆以恆春地名命名，包含「出火」American Stout、「滿州」Cream Ale、「龍磐」Brown Porter、「合界」IPA、「旭海」Belgian Blond、「關山」ESB、「牡丹」Witbier、「南灣」APA及「大尖山」Belgian Tripel，另有限量的季節限定款。又因為考量

「打狗地麥酒」時期的東歐製設備。

到位於觀光區，從原本僅以現場拉把供應的生啤中，精選六種口味裝瓶，並選擇鋁罐而非玻璃瓶充填，除了重量輕較環保，也方便來遊玩的消費者攜帶與飲用。

最合台灣口味的美味餐酒搭配

配酒的菜色大毛同樣很有想法，雖然精釀啤酒之風由西方東漸，但他認為「日本、菲律賓都有自己的啤酒文化……（在台灣）只看外國的東西，意義不大」，擅長中系菜色的他，推出了許多具有台灣風格的配酒菜，像是符合台灣人飲食習慣的「滷水拼盤」，匯集可搭IPA跟APA的海蜇皮、可跟Cream Ale一起品嘗的炸物、以及搭著ESB一同享用也適合的鴨肉跟牛肚，還有口感爽脆的醃南瓜；拆開是獨立配酒的點心，綜合起來則是一組配酒好餐食，讓到訪者可以嘗試各種酒款搭配不同餐食的趣味。

邊做邊try的三個大男生，現正推出「博物館古啤酒系列」，以結合南美洲Chicha與台灣小米酒Kavava（排灣語）混血而成的超限量供應啤酒Chicha-Kavava-Beer起步，沿著歷史的長河、跨越地理的界線，返古溯源，跳脫啤酒的框架與分類，藉由考古式的研究，擁抱「做出台灣現今市面上未見的啤酒種類」的企圖心，探尋自釀啤酒的身世與多元面貌，展現啤酒在人類歷史發展中的痕跡。在編年中考古、在疆界中拓荒，這群一路南下的自釀啤酒狂熱份子，即將織造出台灣精釀啤酒的一段歷史篇章。●

關山 ESB

足與關山夕照輝映的深緋紅

這支深銅色的啤酒有著豐富的麥芽香，以及麥芽帶來的太妃糖與堅果香味。英國East Kent Golding 酒花的青草與辛香味，以及其平順柔滑的苦味，再加上酵母發酵產生的果香味，共同造就了優雅又平衡的風味。

> **酒標設計** 以恆春半島最美的日落海景為主題，橘紅色的夕陽悄悄渲染了大地，在暮色中淺嘗輕柔的麥芽香氣與苦味。Bitter啤酒的深銅酒色與關山夕照的輝映，互為一日辛勞的結束。

類型	ESB		香氣	麥芽與英式啤酒花的香味
原料	麥芽（Maris Otter、Crystal、Amber malt）、英國啤酒花、酵母、水		外觀	深銅色
			酒體	中等，二氧化碳含量低
			苦度（IBU）	30 IBUs
			上市年份	2016 年 8 月
內容量	330ml		建議杯款	英式品脫杯
酒精濃度	5%		建議定價	120 元
適飲溫度	8 ～ 12℃			

龍磐 Brown Porter

易飲性極高的深褐波特

一支帶有巧克力香味的深棕色啤酒，微甜與中等的酒體，巧克力香味中帶有焦糖與糖蜜的味道，但即使風味如此複雜，易飲卻很高。

> **酒標設計** 恆春半島夜空點點繁星，懸崖邊聽著浪潮的嘆息，鼻息間傳來海洋的苦鹹和草原芬芳的香甜。巧克力麥芽帶來的香氣與微微焦糖香，就像是複雜又浪漫的星夜。

類型	Brown Porter		適飲溫度	8 ～ 12℃
原料	麥芽（Maris Otter、Brown malt、Crystal、Chocolate malt）、英國啤酒花、酵母、水		香氣	巧克力、焦糖、糖蜜
			外觀	深棕色
			酒體	中等，二氧化碳含量低
			苦度（IBU）	16 IBUs
			上市年份	2016 年 8 月
內容量	330ml		建議杯款	英式品脫杯
酒精濃度	5.4%		建議定價	120 元

合界 American IPA

像珊瑚礁一樣絢爛的 IPA 酒花香

「合界」是一支將美式啤酒花的奔放性格表露無遺的淺銅色啤酒。美式酒花專屬的柑橘、松針與熱帶水果香氣，搭配上微甜的麥芽風味以及明亮清脆的強烈苦韻，專為硬派人士量身打造！

酒標設計　以恆春半島最美麗的珊瑚礁為發想，色彩斑爛的魚兒不時穿梭悠游，絢爛的海底世界充滿了驚喜，一如美國IPA的啤酒花香。

類型	American IPA	適飲溫度	8～12℃
原料	麥芽（2-Row、Munich、Carapils、Crystal）、啤酒花（Centennial、Simcoe、Citra）、酵母、水	香氣	柑橘、松針、蘋果皮、薄荷
		外觀	淺銅色
		酒體	中等，綿密的白色酒帽
		苦度（IBU）	65 IBUs
		上市年份	2016 年 8 月
內容量	330ml	建議杯款	美式品脫杯
酒精濃度	6.5%	建議定價	120 元

滿州 Cream Ale

清爽無負擔的奶油愛爾

這支以低溫發酵的金色啤酒酒體清爽，有著 Sterling酒花帶來的草本與柑橘香，還有乾淨的麥芽味道與淡淡的苦味，讓人不自禁想一杯接著一杯地喝下去。

酒標設計　恆春半島上滿山遍野的牧草隨風搖曳，風送來了遠方青草乾爽的香氣，在墾丁的後花園裡，悠哉地品嘗著這份美式奶油愛爾啤酒的雲淡風輕。

類型	Cream ALe（美式奶油愛爾）	適飲溫度	8～12℃
原料	麥芽（Pilsen malt、Carapils）、啤酒花（Magnum、Sterling）、酵母、水	香氣	黃金糖
		外觀	金色
		酒體	清爽
		苦度（IBU）	26 IBUs
		上市年份	2016 年 8 月
		建議杯款	美式品脫杯
內容量	330ml	建議定價	120 元
酒精濃度	4.3%		

旭海 Belgian Blond

絕對討喜的比利時金黃啤酒

豐富果香、輕盈酒體，穠纖合宜的酒精濃度，「旭海」的風格是堪稱最討喜的比利時金黃色啤酒，無時無刻、何時何地都可以來一杯，而且最適合無限暢飲。

酒標設計　旭海日出從海平線上緩緩升起，拂曉晨光過後的熾烈陽光立刻將你我包圍，如烈日般看似溫暖，實則內裹一副熾烈的Blond啤酒靈魂。

類型	Belgian Blond	適飲溫度	8～12℃
原料	麥芽（Pilsner Malt、Heidelberg malt、Melano、Sugar）、East Kent Goldings 啤酒花、酵母、水	香氣	酵母帶來的果香
		外觀	金色
		酒體	清爽偏中等
		苦度（IBU）	12 IBUs
		上市年份	2016 年 8 月
		建議杯款	鬱金香杯
		建議定價	120 元
內容量	330ml		
酒精濃度	6.7%		

出火 American Stout

焦香與酒花香不分擅場

「出火」是一支焦香味與酒花香並存的深黑色啤酒，由多種深色麥芽帶來的巧克力、咖啡香味，傳統美國3C酒花的中流砥柱Centennial跟再戰20年的Cascade提供了經典的葡萄柚、柑橘香味，迷人的苦味恰恰足以襯托較為厚重的酒體與較高的酒精濃度。

酒標設計　地上冒出了叢叢星火，像跳舞般閃耀著火光，濃烈的篝火中不時傳來陣陣的焦香味，如同司陶特黑啤酒強烈的存在感，令人不得不為之臣服。

類型	American Stout	酒精濃度	7%
		適飲溫度	8～12℃
原料	麥芽（2-Row、C-40、Flaked Barley、Black Malt、Chocolate Malt、Roasted Barley）、啤酒花（Centennial、Cascade）、酵母、水	香氣	美式酒花的柑橘味，深色麥芽的巧克力、咖啡香味
		外觀	黑色
		酒體	中等偏厚重
		苦度（IBU）	58 IBUs
		上市年份	2016 年 8 月
		建議杯款	鬱金香杯
內容量	330ml	建議定價	120 元

台灣／台北

鈦金屬兄弟
Arumi Titanium

text 張倫 ｜ photo 張藝霖 ｜ 影像提供 鈦金屬兄弟

公司成立於 　2016 年 04 月
第一支酒上市 　2016 年 05 月

ADD 　100 台北市中正區臨沂街 61 巷 17 號 3 樓
TEL 　02-2396-6727
FB 　鈦金屬兄弟

鈦金屬兄弟 LOGO 設計

台北／中正區 ★

018 鈦金屬兄弟

Arumi Titanium

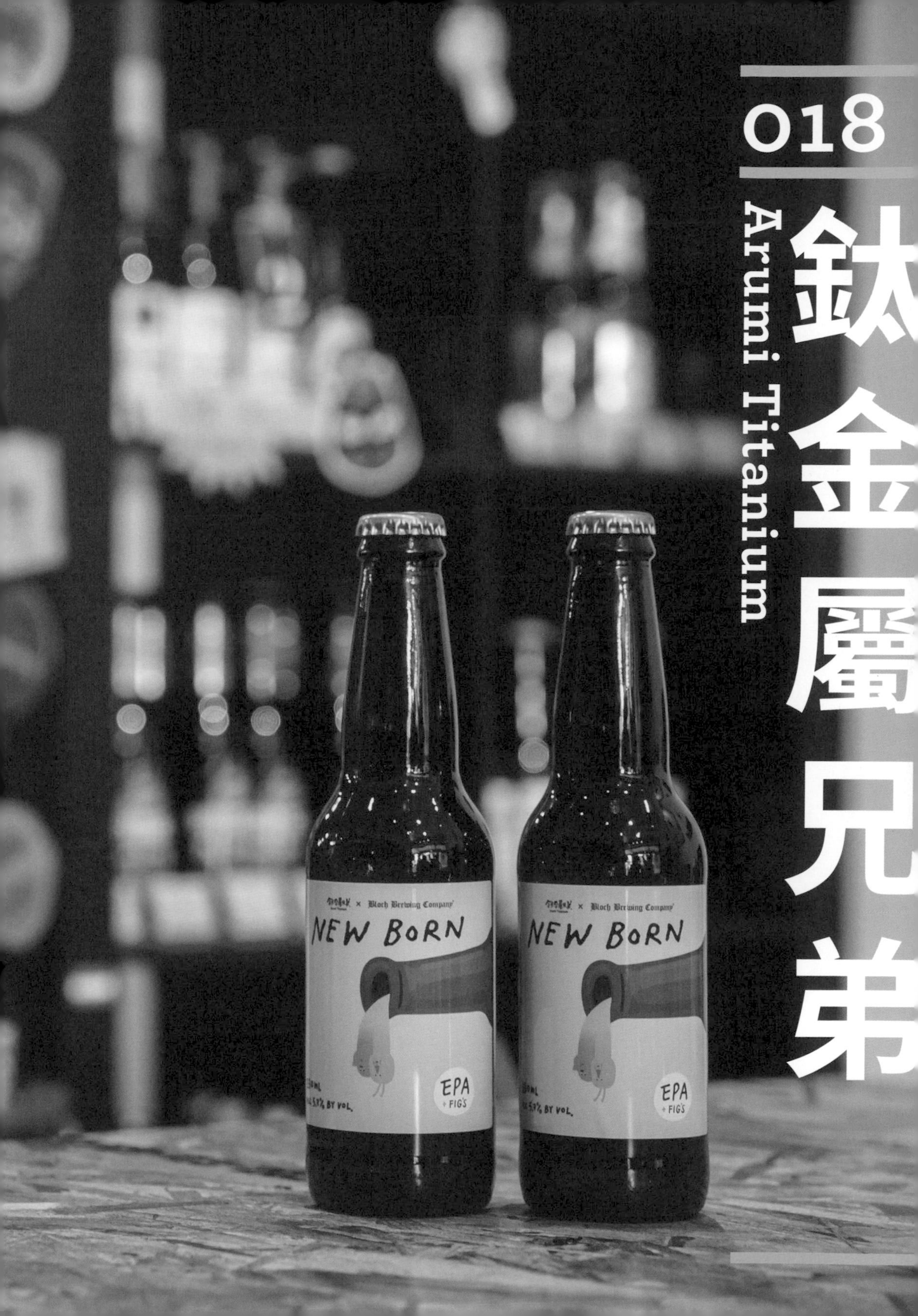

善用圖像行銷
勇闖啤酒界

負責人傅倩瑩

兩隻長相奇異的不明生物，一個粉紅一個淺綠，乘著衝浪板在夏日大海裡歡樂悠遊，好不暢快，突然間鏡頭拉開，大海變成了熱呼呼的金黃色麥汁，原來這是啤酒工廠裡正在運轉的糖化鍋爐啊！⋯⋯這支趣味十足的動畫，生動呈現著「鈦金屬兄弟」將啤酒釀製過程圖像化、故事化的創意，讓人不禁笑了開來。

釀酒師最後一個報到

鈦金屬兄弟的負責人Kelly（傅倩瑩）聊起，很多人喜歡喝精釀啤酒，有興趣研究的人可能會聽到「粉碎、糖化、過濾、煮沸、冷卻、發酵」這些製程上的專業名詞，但如果沒有實際親臨酒廠，很難將這些抽象名詞轉化為具體動詞而進一步了解，因此鈦金屬兄弟從創立之初便陸續推出動畫短片，以詼諧逗趣的畫面告訴大家：「精釀啤酒」到底是怎麼一回事。

鈦金屬兄弟的成軍和其他酒廠很不一樣。四位來自各行各業，但都一樣瘋狂熱愛精釀啤酒的朋友，常常聚在一塊品酒、論酒，久而久之，便產生了一起自創精釀品牌的念頭。

馬上遇到的第一個問題是，四個人裡面沒有一個是專業釀酒師，而且從玩自釀到轉變成商品，畢竟還是存在著距離，Kelly表示：「這中間的差距就像是菜煮得好吃跟開一間餐廳是完全不一樣的，所以那時就想說，提供我們喜歡的風味、酒譜邀請專業釀酒師合作，後來找到定居台灣的德國釀酒師

Roland Bloch。」（參見88頁）

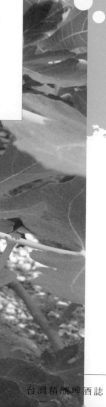

目前台灣的精釀啤酒品牌大多由釀酒師自行創業，推出酒款也以本身偏好的口味為主，Roland因為非常喜愛鈦金屬兄弟提出的合作企畫案，雙方就這樣開始討論起酒譜。歷經整整一年的測試、調整，鈦金屬兄弟的「New Born無敵新生EPA無花果啤酒」在2016年五月二十日誕生，成為全台灣第一支帶有無花果風味的精釀啤酒。

無花果與啤酒的驚喜邂逅

為什麼選用無花果？相信很多精釀愛好者都會有相同的疑問。「剛開始我們採買食材來測試口味，包含各種常見水果像是芒果、荔枝等，這時有一個朋友突然說很想吃無花果，所以也順便買來試試看，無意中發現無花果有一個很奇妙的香甜味，介於楓糖和蜂蜜之間，但風味又沒那麼強烈，而是非常地雅致、柔和，驚喜之餘壓根忘了計算成本，後來才知道無花果像黃金般貴，但牙一咬，確定就是它了。」Kelly邊說邊大笑。

雖然台灣素有水果寶島之稱，但大多數人應該都不知道，連無花果這種深具異國風情的冷門水果也有人栽種。Kelly一查到雲林林內鄉的農場就馬上趕過去勘查，發現當地農民以網室栽培、不施作任何農藥的方式維持小量生產，主要提供給法式餐廳和甜點店作為高級食材。

除了香氣、甜度十分飽滿之外，無花果本身的營養價值也非常高，因此Kelly特地請雲林農會幫忙推薦加工廠，將新鮮無花果萃取成無菌糖漿，保留果實的原汁原味及珍貴養分。

無花果產季大約在每年七月初至隔年二月，屬於漸次緩慢而非一次大量熟成的水果，在這段期間內每天早晚都必須進行採收，人工單位成本相當高昂，摘下來的新鮮熟果得快速運送到工廠經榨汁過濾後再加入啤酒，因此無花果產季和工廠生產期程都必須完美銜接，才能確保原料新鮮度與貨源充足無虞。

至於啤酒本身的風味，鈦金屬兄弟採用德國大麥，以英式清爽易入門的 Pale Ale 發酵方式作為基底，最特別的是一共運用了來自三個國家的啤酒花：香味強烈的美系酒花、中規中矩的德系酒花，再加上比較罕見的紐西蘭酒花，襯托出熱帶水果風味，整體表現令人驚豔。

善用圖像貼近年輕族群

啤酒風味如此追求獨樹一格，品牌設計自然也不遑多讓，具有廣告行銷背景的鈦金屬兄弟與知名插畫家L2C（林士強）合作，開發專屬品牌的視覺與角色。鈦金屬兄弟的設計發想是兩隻在發酵過程中誕生的產物。綠色是哥哥，叫Titan，個性很熱血，粉色是弟弟，叫Aru，個性很chill。它們唯一的本能是釀酒、喝酒也賣酒，然後帶著他們裝滿迷人酒體的玻璃瓶，認識新朋友，探索與冒險。

而由團隊成員親自設計的瓶標、文宣、動畫等視覺呈現，也全數統一在活潑新穎的風格下，希望能讓年輕人從不同角度認識精釀，同時引起喜愛設計感的藝文族群共鳴。就像他們當初打動釀酒師Roland的合作案裡說的，他們的切入角度與概念，確實讓鈦金屬多了一份被注目與記憶的魅力。

用好啤酒介紹台灣

首支代表作上市這幾個月以來，曾任東森電視新聞記者、年輕亮麗的Kelly在大太陽下不停奔波參與活動、拜訪店家，曬出一身連媽媽看了都嚇到的黝黑皮膚。她說：「會來做精釀啤酒的人都很重感情，因為在台灣經營自有品牌是很辛苦的事，台灣市場小，兩千多萬人口再扣掉十八歲以下的未成年，和年紀較大不碰酒精的老年人口，只剩下幾百萬，又必須與既定習慣的在地、進口品牌競爭，可想而知，對於精釀懷抱著多深的感情，才敢於放手一搏。」

從初嘗精釀啤酒至今，Kelly已有五、六年的品飲經歷，她笑說舌頭會越喝越精，當你喝到一支好酒，感覺自己已經身處人生頂峰，想不到，一山還有一山高，總是有好酒再度挑戰你的味蕾，讓你再度受到吸引，並進而對酒背後的故事與文化產生探索慾望。

近期國外友人來探訪Kelly時，她總會推薦「啤酒頭」與「布洛赫釀酒」，前者是結合節氣主題與在地文化的優質啤酒，很能傳達台灣精釀的精神，後者則以台灣水果入酒並榮獲WBA冠軍，都是非常成熟與優秀的選擇。這幾年來，台灣精釀業者在研發釀造與品牌行銷上的進步，不但有了更多在地品牌可供選擇，每支酒也絕對是值得台灣人引以為傲、代表性十足的在地好酒。●

New Born

無敵新生 EPA 無花果啤酒

完整表現在地無花果的香與甜

酒標設計 New Born 身為鈦金屬兄弟的誕生代表作，酒標設計希望能呈現兄弟檔誕生的方式，也就是從酒瓶倒出，在品飲之際帶給消費者一種視覺上的互動。

類型	English-style Pale ale 英式淡色愛爾
原料	麥芽、酵母、啤酒花、水、台灣無花果原汁
內容量	330ml
酒精濃度	5.7%
適飲溫度	8～10℃
香氣	麥香濃郁、帶熱帶風味的酒花香氣明顯，襯托無花果淡雅香甜
外觀	淺棕色
酒體	輕偏中等，風味扎實
苦度（IBU）	17.5 IBUs
上市年份	2016 年 5 月
建議杯款	聞香杯
建議定價	180 元

2016年世界啤酒大獎（World Beer Awards）Flavoured Beer 組台灣地區優勝！帶有英式風格的淡色愛爾，麥香濃郁，熱帶風味的酒花香氣明顯，特色是順口、不苦且會回甘，適合喜歡層次變化，或是初識精釀啤酒害怕苦澀的人。選擇來自雲林縣林內鄉網室栽種的無花果，並為了完整表現在地無花果特殊的香與甜，使用新鮮水果直接萃取、過濾、滅菌，堅持不再另做添加，每一口回甘都是真正來自台灣土地孕育的風味。

醴醞啤酒
Liyun Beer

text 倪焯琳 | photo 張藝霖 | 影像提供 醴醞啤酒

公司成立於　　2015 年 03 月
第一支酒上市　2015 年 04 月
第一家門市　　2016 年 08 月

ADD　106 台北市大安區大安路 1 段 31 巷 5 號
WEB　www.liyunbeer.com
FB　　醴醞啤酒 Liyun Beer

醴醞啤酒 LOGO 設計

台北／大安區 ★

craft
amber
ale

LiYUN
BEER

PREMIUM
QUALITY

醴醞
啤酒

─琥珀艾爾─

精釀新世代
以市場策略創造大機會

創辦人簡允聖　　　　　　　　　　創辦人蔡承甫

019

Made in Taiwan

「從頭到尾每天都有很多不同的困難，但沒有一個是大到要死的，我們至少還活著解決它了。」創業的一波三折並非鮮有之事，醺醋啤酒的創辦人蔡承甫和簡允聖卻不以為意，將「順利」兩字掛在嘴邊，訪談中最常說的就是「都還好」，充滿了年輕人特有的幹勁與活力。

從煮咖啡到釀啤酒

　　七十九年次的承甫和允聖原本是國中隔壁班同學，結緣於同一間補習班，不約而同在國中畢業後離開台灣，分別前往美東和美西升學。大學最後兩年常常光顧酒吧的日子，讓承甫認識了當地盛產的精釀啤酒，從此醉心於研究。美國坐擁上千種啤酒，還有許許多多的酒廠可以參觀，令素來喜歡自己動手煮咖啡的承甫饒富興味，開始玩起了自釀。

　　「商業啤酒怎麼喝都是那種味道，精釀啤酒是各式各樣不同的味道。」承甫形容情況就像喝咖啡，有人用來提神，有人用心品味，其實不過是彼此目的不同；同樣地，商業啤酒是功能性的，朋友聚會也不用介意那麼多；反而是精釀啤酒待在不同溫度跟容器中味道都會出現不同的變化，他補充：「原料品質每次都不同，因此它的味道每次都會出現輕微的、在可以接受範圍內的差異，這就是精釀啤酒有趣的地方。」

從市場觀察預見台灣精釀趨勢

　　正是在美國念書期間，承甫發現到，每次回來台灣，超市和大賣場裡的啤酒貨架品牌越來越多元，反映了精釀啤酒在台灣越來越受歡迎的趨勢。

　　雙主修經濟跟統計的承甫決定看準這一點，投入正在蓬勃發展的台灣精釀啤酒領域。他認為台灣目前的精釀市場完全符合他自訂的兩個創業條件：一是產業尚未完全成熟，未來有絕對的發展性；二是投入成本不用太高。既然是有前景的產業，又能寓工作於嗜好，他找了允聖一起，兩個人大膽邁步。

　　神奇的是，從家人意見到公司選址、籌募資金……這些一般常見的創業問題，兩個人都幸運地沒有碰上。他們不約而同地表示「算是比較順利啦」。而且對七年級末段班的他們來說，彷彿只要是能用時間和耐心解決的，都不算真正的問題。當然，「在酒廠時真的是又熱又累，弄到最後連話都沒力氣講了。」允聖說。

　　而在技術層面上，他們除了依靠自學，最受啟發的是每回虛心求教，總能獲得美國不同酒廠對啤酒配方的意見回饋、釀酒師們的大方分享自身經驗。可以說，美國精釀啤酒界特有的無私分享與開放精神，大大促成了今天的醴醞啤酒。

仔細分析 明確設定口味

　　曾待過知名酒廠的承甫長於資料分析，從一開始就打算根據台灣人不愛苦的口味來設計酒款，顏色和味道也力求讓人「一看就知道不一樣」。以顏色來說，目前市面上常見販售的啤酒顏色多半是金色及黑色，醴醞因此特地調配出麥量較重的琥珀色，希望以不同色調吸引注意目光。在口味上則以麥香、焦糖為主力，稍微帶苦，卻又不會苦得讓台灣人無法接受。

　　雖然說，想在普通消費者對苦味的可接受範圍跟重度精釀啤酒迷的標準之間拿捏平衡，確實是蠻困難的，但他們終究推出了第一款沉穩高雅的「精釀琥珀艾爾」，並以淡黑為主調包裝。淺啜一口「精釀琥珀艾爾」，清淡的甘

甜味在口腔裡縈迴；當啤酒滑落喉嚨之際，麥香帶微苦的風味立即回湧。

仔細觀察推出第一款啤酒後的市場反應，負責業務推廣的允聖對結果感到有點意外。沒想到女性消費群竟占三分之二，年齡層則以年輕人居多。也因此，現正著手研發的第二款啤酒會多加考慮年輕女孩子的口味，調整成甜味較為凸出，包裝的色調亦隨之更加繽紛。「女生比較感性嘛，對視覺的刺激會很敏感。」

產地到家會員制配送　與消費者直接溝通

請教兩個年輕人為什麼取了光看就足以引發思古幽情的「醴醞」為名？原來這個飽含深意的品牌名稱，典故取自《禮記》，「醴」是周朝一種用麥、粟等穀物釀造的甜酒，釀造方式跟現代精釀啤酒其實差不多；「醞」則是釀造的意思。特地參考古籍，允聖的用意是希望品牌將來出口外銷時，對所有華人來說，這個名字都能創造出耳目一新的效果。

由於目前台灣的精釀啤酒通路仍然有其限制，為了以有限的預算拓廣客源，同時針對黏著度高的消費者深入體會，醴醞與代理商共同推出會員制「箱醇」，每個月挑選十二支本地和進口的精釀啤酒免運費送上門，希望不靠傳統的宣傳手法，以自己的方法宣傳，並與消費者建立直接溝通的管道。

首家實體店　精釀推廣生力軍

醴醞位於東區的直營店甫於2016年八月初營業，也是醴醞成軍一年以來第一家實體店面，之前都是在各大活動中設置快閃店。不大的店內裝潢以水泥地板搭配木製家具，恬淡的燈光繚繞輕柔的音樂，店內四支拉把提供醴醞的現打生啤，比如「大麥拉格」、「淡色艾爾」和「印度淺拉格」，冰櫃裡也有他們的第一支瓶裝「精釀琥珀艾爾」，並提供其他進口或本土的瓶裝精釀啤酒與紅白酒，鼓勵客人多作嘗試。

「啤酒再怎麼貴也不是貴到台灣人消費不起，只是願不願意去消費而已。」對於未喝過精釀啤酒的人來說，對啤酒的印象可能就是商業啤酒的苦澀口感。然而，真正的精釀啤酒就如承甫所說，是讓人細味體悟的，其風味之多變，或清淡、或充滿花果，甚至不苦的都有，「光用講的其實很難說服人，你給他喝一口，讓他自己去感覺這是特別的東西，後續就不是問題了。」●

精釀琥珀艾爾

肩負首發大任的旗艦酒款

酒標設計 字體以現代精簡線條重新詮釋中國古典文字特有架構；英文圓標則使用中文字體的線條勾勒。完整環繞瓶身一圈的360度酒標，中英文兼具，成功擺脫了傳統的正反式酒標設計。

設計配方時考量台灣人不愛苦味的特性，特別將啤酒花的苦韻降低但保留其細微的香氣，讓麥芽的味道當主軸。酒精濃度刻意設定為5.22%，則是釀酒師偷偷隱藏在首發作品裡的生日符碼。酒體散發出瓜果香氣，入口後呈現焦糖麥香，口感圓潤飽滿，尾韻有深度而不黏膩，非常適合搭配肉類或是口味較重的食物品嘗。

類型	Amber Ale（琥珀愛爾）	外觀	琥珀色酒液，泡沫細緻潔白
原料	水、麥芽、啤酒花、酵母	酒體	中等。口腔包覆威扎實，不過度沉重
內容量	330ml		
酒精濃度	5.22%	苦度（IBU）	30 IBUs
適飲溫度	6～8℃	上市年份	2015年5月
		建議杯款	美式品脫杯
香氣	焦糖麥芽氣味，酒體帶有瓜果甜香	建議定價	150元

台灣／高雄

麥田圈狂人
釀酒事業
Crop Circle
Maniac Brewing

text 張倫 | photo 張藝霖 | 影像提供 麥田圈狂人

公司成立於　2016 年 03 月
第一支酒上市　2016 年 05 月

TEL 0920-929-062
FB 麥田圈狂人釀酒事業

麥田圈狂人釀酒事業 LOGO 設計

★ 高雄

020

麥田圈狂人釀酒事業

Crop Circle Maniac Brewing

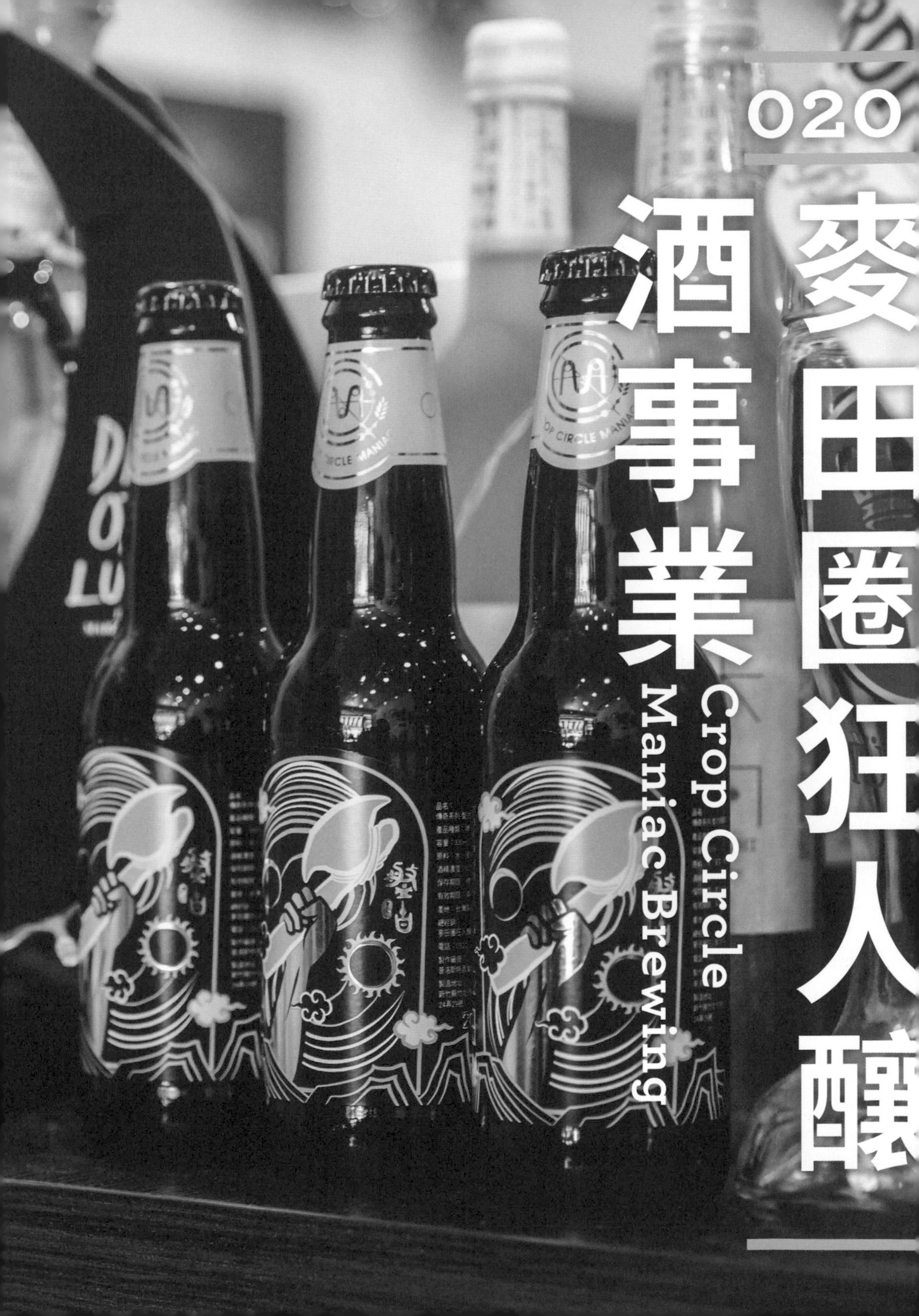

台灣精釀啤酒師的
品牌營銷平台

經營者Money

推開「啤酒瘋Beer Bee啤酒專賣店」的玻璃門，南台灣炙熱的豔陽瞬間被阻擋在外，這樣一個如同置身烤箱般的六月下午，最適合來杯清涼的啤酒解解渴！只見店裡擺滿五顏六色琳瑯滿目的各國啤酒，光用眼睛看，身體裡的燥熱不安似乎就能漸漸消失。

「啤酒瘋」兼「麥田圈狂人」的經營者Money本來在環保科技公司任職，會進入精釀啤酒這一行可以說是個意外。十幾年前，台灣推廣進口精釀啤酒的最早發源地起於高雄，身為高雄子弟的Money因此接觸到來自比利時的手工啤酒，顛覆了深刻在他味蕾上十多年的一般啤酒既定印象。

深受震撼的Money於是開始鑽研資料，想看看比利時如何把啤酒轉變成一個很重要的國家文化，甚至行銷到世界各國。「我覺得啤酒是非常大眾化、接受年齡層最廣泛的酒類，而且給人帶來快樂輕鬆的感覺，我想，如果能提供給大家世界各國的啤酒，加上舒服的環境、平易的價格，那不是很美好嗎？於是從此踏上了不歸路。」Money開著玩笑描述當初入行的情景。

在地釀製　讓精釀真正生根

從開設販售五、六百種精釀啤酒的專賣店，到今年更直接追溯源頭，延請釀酒師孫崑展合作打造第一支精釀啤酒。賣酒和釀酒雖然都以酒為中心，但

可說是兩種截然不同的事業，酒賣得好好的，為什麼突然會有自己生產的念頭？

Money以比利時為例，當地隨便一間啤酒廠都經營了好幾百年，啤酒在人們的生活中從不缺席，比利時人自然很能認同這樣根深柢固的歷史文化。反觀台灣，這兩三年尚處於精釀啤酒的起步階段，卻也是領導未來發展的關鍵時刻，而唯有台灣民間也開始釀啤酒，了解其中的問題和經歷其中的困難後，這種酒類才會真正生根深入台灣人的生活經驗裡。

凝鍊精鑄　盤古問世

基於「台灣人的釀造技術不會輸給人家，我們應該也能做出一支高水準的精釀啤酒受到國際肯定」這樣的理念，與甫獲獎項肯定的釀酒師孫崑展交談甚歡而展開合作。孫崑展在泰國從事鐘錶生意，和當地許多同好一起自玩釀酒長達數年，研發出多支創新酒款，更是2015年「第四屆台灣自釀啤酒大賽」高酒精啤酒組冠軍。

為第一支問世酒款「盤古」定位時，Money坦言相當困惑與掙扎，究竟是要平易近人為大眾口味服務？還是要追求獨特但可能曲高和寡？直到請來多位國際級評審試酒，那百香果般的豐郁香氣帶有比利時麥芽的甜美，啤酒花的苦澀和麥汁的圓潤巧妙交融，演繹遊走於IPA和ALE之間的層次變化，得到評審們的一致好評，心頭上的大石才終於放了下來。

釀酒師群集的平台

公司名稱中的「麥田圈」是一股神祕未知的活力，天馬行空、源源不絕，象徵突破傳統限制，抱持好玩的心態盡情揮灑對啤酒的熱情；酒款名稱「盤古」則取材中國文學經典《山海經》神話故事，蘊藏開天闢地的意涵，期待第一支酒款創造出撥雲見日的不凡氣勢。

在工作分配上，採取各取所長各負其責的方式，孫崑展打理釀造製程，向新竹的代工廠租借設備生產，目前產量一批次為2400～4800瓶，大約也是目前台灣一般自製精釀啤酒業者的產量。Money負責行銷和通路，長久以來認識的同業和前輩站在支持台灣自釀啤酒的立場，讓他接到不少溫暖的訂單，上市才半個多月，第一批已經熱銷完畢。

目前台灣常見的精釀啤酒業者，大多是釀酒師自行創業，因此啤酒口味、製程設計、行銷發售等，皆以釀酒師本身為主導。Money則視麥田圈為精釀啤酒的品牌平台。他分析，每一個釀酒師都有某一兩種專長的啤酒種類，麥田圈能提供釀酒師合作管道，合作調整口味之後，由麥田圈負責行銷與通路，這樣嶄新的合作模式，或許更有利於台灣釀酒技術的長久發展。

精釀滋味　如同人生

Money認為，推廣精釀啤酒成功與否最主要的關鍵，其實還是在於消費者本身的心態。有時候消費者比較無法接受帶有苦味的啤酒，但是「既然你能吃苦瓜，為何不能接受啤酒裡頭有一點點苦？其實你只是不習慣而已。」一語道破消費者長期被傳統皮爾森式清淡啤酒綁架的味蕾。

啤酒的滋味如同人生百味雜陳，甜的、苦的、酸的、濃郁的、水果香的、麥芽味的，甚至還有辣椒味的，造就精釀世界的繽紛有趣與專業。Money常大方和客人分享相關知識：「這支啤酒裡的香味、苦味、甜味來自哪裡？是怎麼形成的？」一旦客人產生興趣，就會願意花費心力去研究、品飲，自然而然更能品嘗出其中的奧妙。

從喜愛喝啤酒、開起專賣店，再踏入釀造，Money認為自己一路走來，初心未曾改變，他非常樂於從客人的角度，依照客人當下的心情試著幫他找到最適合的酒。對於入門者來說，德國的小麥啤酒口感柔順、英國啤酒的麥芽調性優雅、義大利齊瓦雷的鮮花釀以白啤酒為基底，帶有歐洲的清芬花香，都是他十分推薦的入門首選。●

盤古愛爾啤酒

2015 台灣自釀啤酒大賽冠軍

| 酒標設計 | 將東方神話中盤古那開天闢地的創始意念，以抽象的設計手法表現出來，並使用東方人喜歡的金色、黃色及黑色來做顏色搭配，凸顯沉穩及內斂的尊榮。 |

類型	美式愛爾
原料	德國麥芽、美國啤酒花、法國酵母、水
內容量	330ml
酒精濃度	6.7%
適飲溫度	6～10℃
香氣	百香果及熱帶水果香氣
外觀	亮棕色。泡沫綿密
酒體	中～濃郁
苦度（IBU）	76 IBUs
上市年份	2016 年 5 月
建議杯款	鬱金香杯、聞香杯
建議定價	140 元

2015年「第四屆台灣自釀啤酒大賽」高酒精啤酒組（6%以上）冠軍，CCM「傳奇系列」首發作！如麥殼般的亮棕色與豐厚潔白的綿密泡沫，飽滿的百香果及熱帶水果香氣撲鼻而來，口感圓潤帶有豐富的啤酒花香，濃郁的麥汁襯托了苦甘適中的扎實酒體，平衡感極佳，能夠感受到扎扎實實的風味，滿足度極高。

PART 3 啤酒暢飲地圖

不論是產地直送度 100% 的最新鮮 MIT 精釀啤酒，還是遠渡重洋而來的國外經典酒款，餐酒館、PUB、啤酒專賣店，讓我們盡情暢飲吧！

啤酒專賣、酒吧、Pub

台北

拉貝厚啤酒專門店　瓶裝啤酒專賣

蒐集全世界最棒的啤酒200款以上，在輕鬆氛圍裡依照每位酒友不同的喜好找出真正喜愛的啤酒，享受其美味和箇中樂趣。

ADD　105台北市松山區興安街200號
TEL　02-2712-8825
TIME　周一至六16:00-23:00

古登比利時啤酒專賣　瓶裝啤酒專賣

販售全球約70家酒廠200款以上精品啤酒，特別主推不同風味的比利時啤酒。

ADD　103台北市大同區承德路三段150-1號
TEL　02-2585-1966
TIME　周一至六12:00-21:00

豪邁洋酒　瓶裝啤酒專賣

專精進口各國精釀啤酒，希望以專業的知識與豐富的選酒經驗，推廣優質的品飲文化。

ADD　106台北市大安區樂利路63號
TEL　02-2733-1798
TIME　周二至四及日11:00-21:00、周五及六11:00-22:00

Something ALES　瓶裝啤酒專賣

蒐集世界各地的啤酒，只為與客人分享所愛，以緩慢的步調品嘗不同的風味。

ADD　106台北市大安區羅斯福路三段195號
TIME　周一至日20:30-02:00

家途中啤酒屋　瓶裝啤酒專賣

提供上百款啤酒與簡單的餐點，空間以攝影與畫作、書籍、音樂點綴，充滿家的溫暖。

ADD　105台北市松山區八德路三段155巷10號
TEL　02-2579-8578
TIME　周一至四及日16:00-23:00、周五及六18:00-02:00

啤魯麋鹿Beer & Deer　瓶裝啤酒專賣

位於悠閒靜謐民生社區內的精釀啤酒小天地，空間設計輕鬆溫馨。

ADD　105台北市松山區民生東路五段36巷4弄49-1號
TEL　02-2760-0920
TIME　周一至日15:00-00:00

Alphadog Craft Beer　瓶裝啤酒專賣

店長Tommy在長途旅行中愛上啤酒後所開設的精釀啤酒專賣店，希望一同耕耘台灣的精釀啤酒文化。

ADD　106台北市大安區延吉街270號
TEL　02-2704-9959
TIME　周日至四16:30-23:00、周五至六及國定假日前夕16:30-01:30

Beer & Cheese Social House　瓶裝啤酒專賣

原汁原味的美式酒吧風情！主打美國西岸精釀啤酒，配上精心挑選的起司與經典美式料理，創造全新的啤酒體驗。

ADD　110台北市信義區基隆路二段117號
TEL　02-2737-1983
TIME　周日至四18:00-01:00、周五及六18:00-03:00

啜飲室 Landmark　拉把生啤專賣

擁有20款現打生啤酒的精釀啤酒體驗室，並提供3款獨特的生啤酒，口感往往顛覆一般大眾對啤酒的想像。

ADD　110台北市信義區忠孝東路五段68號
TEL　02-2722-0592
TIME　周一至四17:00-23:30、周五17:00-00:30、周六14:00-00:30、周日14:00-23:30

啜飲室　拉把生啤專賣

不只提供21種來自世界各地的精釀啤酒，也是一座展示台灣本土藝術家作品的藝廊。

ADD　106台北市大安區復興南路一段107巷5弄14號
TEL　02-8773-9001
TIME　周一至四及日17:00-23:30、周五及六17:00-00:30

淺草酒藏　瓶裝啤酒專賣

以亞洲為中心，代理販售各種日本進口酒類，同時也包含了日本啤酒。

ADD　110台北市信義區基隆路一段147巷5弄42號
TEL　02-2756-7318
TIME　周二至六14:00-23:30、周日13:00-22:00

小倫敦Little London Taipei　瓶裝啤酒專賣

主打英式酒吧文化與英式精釀啤酒，亦常舉辦小型沙龍音樂會、講座等活動。

ADD　106台北市大安區延吉街131巷26號B1
TEL　02-8772-2477
TIME　周一至四及日19:00-02:00、周五及六19:00-03:00

掌門精釀啤酒（台北永康店） `拉把生啤專賣`

提供100%自家酒廠生產啤酒，店內共有16支生啤酒拉把，堅持精釀啤酒的在地精神。

ADD 106台北市大安區永康街4巷10號
TEL 02-2395-2366
TIME 周日至四13:00-00:00、周五至六13:00-01:00

Lighthouse Beer Bistro `瓶裝啤酒專賣`

銷售日本的三得利頂級生啤酒The PREMIUM MALT'S系列，同時還能享用精緻的無國界創意料理。

ADD 110台北市信義區松壽路22號
TEL 02-8780-1391
TIME 周一至周日12:00-02:00

BeerGeek MicroPub Taipei `瓶裝＋生啤`

來自英國的Mark開設的地道精釀啤酒吧，提供本土與進口的瓶裝和生啤，致力於推廣英式酒吧社交文化。

ADD 110台北市信義區永吉路8號
TEL 02-2748-7558
TIME 周二至六18:00-01:45、周日18:00-00:00

Liyun Bar醴醞吧 `瓶裝＋生啤`

裝有4支生啤酒拉把，提供最新鮮的醴醞自家啤酒，亦販售店長推薦的各國精選瓶裝啤酒。

ADD 106台北市大安區大安路一段31巷5號
TEL 0981-668-800
TIME 周日至四17:00-00:00、周五至六17:00-02:00

Tommy Hippo Bar House `瓶裝啤酒酒吧`

位於台北西區的Lounge Bar，販售各國風味的精釀啤酒，亦提供軟式飛鏢、鳳凰機，並直（重）播晚間各大體育賽事。

ADD 103台北市大同區蘭州街108號
TEL 02-2596-1851
TIME 周一至六20:00-不定、周日採預約制（欲00:00後前去請於11:50前致電確認營業狀況）

Crafted Beer & Co. 精釀啤酒屋 `瓶裝啤酒酒吧`

共有超過100種的啤酒，包括台灣精釀啤酒、進口精釀啤酒、水果酒與生啤酒，並集結了文創手工藝品與現場音樂表演。

ADD 104台北市中山區玉門街1號（花博園區內Maji2市集，第11號店）
TEL 0931-220-347
TIME 周二至四14:00-22:30、周五13:00-23:00、周六11:00-23:00、周日11:00-21:30

Eleven Beer House `瓶裝啤酒酒吧`

常態性提供上百種世界各國精釀啤酒及配酒小點，讓人能輕鬆無負擔的享受啤酒、音樂、美食。

ADD 106台北市大安區羅斯福路三段283巷36號
TEL 02-2368-4546
TIME 周一及三至日16:00-23:00

Mikkeller Taipei 米凱樂啤酒吧 `拉把生啤專賣`

來自丹麥的22款米凱樂獨門拉把生啤酒一次提供，米凱樂迷絕對不容錯過！

ADD 103台北市大同區南京西路241號
TEL 02-2558-6978
TIME 周一至四14:00-23:00、周五至六14:00-24:00、周日12:00-19:00

銅猴子 `瓶裝＋生啤`

提供一系列完整的生啤酒及瓶裝啤酒，並有運動賽事即時轉播、現場音樂演奏及DJ助陣。

信義店 110台北市信義區松壽路20號信義威秀1樓
復興店 104台北市中山區復興北路166號
TEL 02-2722-5755 / 02-2547-5050
TIME 周一至周日11:00-01:00

Revolver `瓶裝＋生啤`

集酒吧、藝術村、MUSIC VENUE於一身，提供多種生啤酒及瓶裝啤酒，是享受晚上歡樂時光的最佳去處。

ADD 100台北市中正區羅斯福路一段1-2號
TEL 02-3393-1678
TIME 周一至四18:30-03:00、周五至六18:30-04:00、周日18:30-01:00

北義極品 `啤酒專賣咖啡館`

既有豐富的各國精釀啤酒，亦有拉把生啤，同時全天候供應各式精品咖啡（義式、虹吸式、手沖、美式咖啡壺），是小酒館＋餐廳＋咖啡館下午茶的複合式品飲空間。

ADD 100台北市中正區中華路二段75巷20號
TEL 02-2311-7318
TIME 周一至四11:00-22:00、周五至六11:00-23:00、周日11:00-22:00

Kidsorrow `啤酒專賣咖啡館`

邊吃早午餐配比利時啤酒，還可以交換藝文新知的啤酒專賣咖啡館。

ADD 111台北市士林區忠誠路二段166巷12號
TEL 02-2872-9993
TIME 周日至一16:00-00:00、周三至四16:00-00:00、周五至六16:00-02:00

BEER CARGO精釀啤酒三輪車

以三輪車方式穿梭於台北市的行動精釀啤酒專賣攤車，不定期引進桶裝鮮釀啤酒。

ADD 不定期移動，請留意Facebook公告
FB www.facebook.com/beercargotw
TIME 請留意Facebook公告

桃園

泡泡堂德式鮮釀啤酒

傳承德國啤酒風味，專業生產德式白啤酒（小麥酵母啤酒）。精選澳洲麥芽、捷克啤酒花、法國酵母釀造而成。可至工廠零售購買。

ADD 330桃園市桃園區鹽庫西街72號
TEL 03-317-8676
TIME 周一至六13:00-21:00、周日14:00-18:00

麥喜精釀啤酒MACI　瓶裝啤酒專賣

以「成為世界最棒啤酒的集散地」自詡，提供各式精釀啤酒。並進行「背包客説啤計畫」，不定期接待國外旅客，讓世界知道台灣也有好精釀啤酒。

ADD 320桃園市中壢區環西路二段71巷3號
TEL 03-492-5579
TIME 周二至四及日16:00-22:30、周五至六16:00-23:30

Laze's餐酒館　瓶裝啤酒專賣

提供多元的精釀啤酒及舒適的品酒環境。

ADD 333桃園市龜山區文昌一街47巷29號
TEL 03-396-1750
TIME 周一至五18:00-22:00

Hop In精釀啤酒小舖　瓶裝＋生啤酒吧

提供4款新鮮手拉生啤與近百款瓶裝啤酒，不定期更換品項。

ADD 320桃園市中壢區廣安街11號
TEL 03-425-8700
TIME 周一至四17:00-01:00、周五17:00-02:00、周六16:00-02:00、周日16:00-00:00

Alpha Bar　瓶裝＋生啤酒吧

提供世界各地進口瓶裝精釀啤酒與桶裝精釀啤酒。

ADD 330桃園市桃園區大業路一段304號
TEL 03-358-3748
TIME 周一至日18:00-02:00

OH BAR精釀啤酒　瓶裝啤酒專賣

提供多款瓶裝啤酒。

ADD 320桃園市中壢區三和一街27號
TEL 0962-023-922
TIME 周二至四20:00-02:00、周五至六20:00-03:00

新竹

iBeer愛啤精釀啤酒專賣　瓶裝＋生啤

結合bottle shop和tap house，販售數百種瓶裝啤酒與多款精釀生啤。

ADD 300新竹市東區關新路191號
TEL 03-666-1220
TIME 周一19:00-23:00、周二至四16:00-23:00、周五16:00-00:00、周六14:00-00:00、周日14:00-22:00

正麥BeerBank啤酒銀行

隸屬於正麥餐飲集團，主推「纖碧爾」酒廠釀造的鮮碧爾啤酒。該酒廠由曾貽連創辦，為新竹第一間民營酒廠，旨在提供最天然純淨又充滿營養的鮮釀啤酒與頂級黑麥汁。

ADD 302新竹縣竹北市嘉豐五路一段28號
TEL 03-657-7826
TIME 周一至日10:00-22:00

麥烤杯Micro Beer手工純麥飲品&原味烤物專賣　生啤專賣

販售纖碧爾酒廠釀造的各類純麥飲品，包含鮮啤酒、黑麥啤酒、純麥汁、黑麥汁等。

ADD 302新竹縣竹北市自強七街40號
TEL 0985-834-488
TIME 周日至四15:00-23:00、周五至六15:00-00:00

基隆

里昂精貿精釀啤酒　瓶裝啤酒專賣

代理進口來自比利時、法國、義大利、瑞士、荷蘭等各國，超過二百種以上的精釀啤酒。

ADD 201基隆市信義區東光路205巷21號
TEL 0916-297-612
TIME 需先致電聯絡

宜蘭

吉姆老爹啤酒工場

台灣第一家推行精釀啤酒的觀光工廠，可在舒適寬敞的品飲空間裡，輕鬆品飲從酒廠直接供應的新鮮生啤酒與美食。（詳見178頁）

ADD 264宜蘭縣員山鄉員山路二段411號
TEL 03-922-7199
TIME 周一及三至五11:00-18:00、周六及日10:00-18:00

宜蘭麥田現釀啤酒

創辦人吳明華於宜蘭在地釀造，主力產品為大麥現釀啤酒、小麥現釀啤酒、黑麥現釀啤酒與螺旋藻現釀啤酒，主要多與餐廳合作，目前全台已有11個據點。亦可至羅東門市等直營點購買。

ADD　269宜蘭縣冬山鄉冬山路三段633號（羅東門市）
TEL　0800-368-058

台中

掌門精釀啤酒（台中勤美店）　`拉把生啤專賣`

掌門精釀啤酒台中店共提供32款生啤酒，酒款風格多元又極具獨特性。

ADD　407台中市西區台灣大道二段490號
TEL　04-2329-1823
TIME　周一至三17:00-00:00、周四至日13:00-01:00

比爾夏精釀啤酒專賣店Beer Shark Craft Beer

販售各國精釀啤酒，定期進貨，亦販售啤酒禮盒組。

ADD　401台中市東區東南街102號
TEL　04-2212-7700
TIME　周一至日16:00-23:00

ChangeX Beer

提供超過300款世界各國精釀啤酒。現飲或零售之餘亦可外帶，還有生啤酒以及獨家製作的義式啤酒冰淇淋。

ADD　403台中市西區自治街234號
TEL　04-2371-3283
TIME　周一至日17:00-00:00

Color Can 彩缶手工精釀啤酒　`拉把生啤專賣`

以餐車模式及平民化消費為理念，主推手工鮮釀酵母啤酒，也有世界不同風味的精選酒款。

ADD　407台中市西屯區福星路542-4號
TEL　0978-889-020
TIME　周一至日19:00-01:00

南投、嘉義

比利飛魚各國精釀啤酒專賣店

經營各國精釀啤酒，特別是比利時啤酒，亦有售威士忌。

ADD　545南投縣埔里鎮樹人三街227號
TEL　0931-583-643
TIME　請先致電聯絡店家

院子里

販售各國精釀啤酒，並不時舉辦精釀啤酒品飲活動。

ADD　600嘉義市西區嘉義市維新路9號
TIME　周一至三及周五至日18:00-22:00

台南

啤酒瘋Beer Bee啤酒專賣店（台南角窗店）
`瓶裝啤酒專賣`

提供來自世界各國的精釀瓶裝及生啤酒，並有店長拿手下酒菜，是一個令人放鬆、不受拘束的品飲空間。

ADD　708台南市安平區安平路370巷3弄23號
TEL　06-358-8645
TIME　周一至五16:00-01:00、周六至日14:00-01:00

啤酒超市　`瓶裝啤酒專賣`

全台第一家啤酒專賣店，展示超過500種以上、來自十餘個國家的代表性酒款。

ADD　700台南市中西區西門路二段428號
TEL　06-225-0265
TIME　周一至日17:30-22:30

ONBO Crafts Beers `精釀啤酒品飲專賣`

專賣桶啤及多國特色精釀啤酒。

ADD　700台南市中西區永福路二段13號
TEL　0982-180-823
TIME　周一至日17:00-01:00

高雄

卡夫特Craft精釀啤酒專賣店　`瓶裝＋生啤`

超過百種以上的瓶裝及生啤酒老字號店家，賣的不只是啤酒，更是啤酒文化與歷史。

ADD　813高雄市左營區富國路67號
TEL　07-556-2278
TIME　周一至五16:00-00:00、周六至日14:00-00:00

HOPPY craft beer哈啤精釀啤酒專賣
`瓶裝啤酒專賣`

以故事相伴著精釀啤酒的不同風味。

ADD　800高雄市新興區東海街41號
TIME　周四至五19:00-22:00、周六至日19:00-23:00

振昌啤酒超市　`瓶裝啤酒專賣`

販賣各國的精釀啤酒，種類繁多。

ADD　804高雄市鼓山區明誠三路640號
TEL　07-554-4666
TIME　周一至日08:00-01:00

掌門精釀啤酒（高雄青海店）　`拉把生啤專賣`

掌門精釀啤酒高雄店店內共有24支生啤酒拉把，以滿足風格多元性與酒款獨特性為目標。

ADD 804高雄市鼓山區青海路177號
TEL 07-552-2285
TIME 周一至四及日15:00-00:00、周五至六15:00-01:00

啤酒瘋Beer Bee啤酒專賣店（高雄總店）

瓶裝啤酒專賣

專賣各國精釀工藝生啤酒及瓶裝啤酒，並提供外帶及店內品飲服務。

ADD 807高雄市三民區博愛一路200號
TEL 07-322-0338
TIME 周一至四及日14:00-00:00、周五至六14:00-01:00

屏東

黑店——黑人的店

提供老闆精選的100種以上各國精釀啤酒，希望能用各具特色的酒款推廣精釀文化。

ADD 900屏東縣屏東市公勇路35號
TIME 周二至六19:00-00:00、周日17:00-19:00

恆春3000啤酒博物館

收藏有三千個來自全世界各地的啤酒杯，融合了啤酒博物館、小型啤酒工廠和餐酒館，能提供最完整的啤酒文化體驗。（詳見186頁）

ADD 946屏東縣恆春鎮草埔路29之1號
TEL 08-888-1002
TIME 周一至日11:00-22:00

台東

綠島麥田森啤酒泡泡屋

販售自家手工啤酒，也有現場音樂表演。

ADD 951台東市綠島鄉南寮村122-1號
TEL 0987-514-605
TIME 周一至日17:00-24:00（此為夏天營業時間，其他日子請先致電聯絡店家）

鮮釀啤酒餐廳、餐酒館、咖啡館

金色三麥

全系列啤酒皆採用100%全麥釀造，包括大麥、小麥與黑麥（詳見40頁）。目前在台灣已有十家分店，並將版圖拓展至中國大陸，設有上海店與蘇州店。

Jolly卓利泰食餐廳

老闆張黃閔擁有全台灣第一張釀酒師證照，其創辦的Jolly是目前台灣唯一將泰式料理與手工啤酒兩者完美結合的餐廳。現有慶城店、內湖店和衡陽店等三家分店。

GB鮮釀餐廳

Gordon Biersch是來自美國加州的連鎖餐廳，供應完美手工釀造的新鮮德式啤酒，再加上開放的空間與精緻美式餐點，社交聚會或朋友聚餐皆宜。目前共有信義店、敦北店、南西店、林口店、台中新光店等五家分店。

台北寶萊納啤酒餐廳

提供鮮釀的德國啤酒及聯合國式的各國美食，還有現場樂團表演。

ADD 105台北市松山區慶城街1號2樓
TEL 02-2713-6777
TIME 周一至日11:00-24:00

啤調客Beeru

主打自釀、精釀啤酒為主的創意台菜，店內提供2款可無限暢飲並讓客人自行操作拉把的桶裝生啤，亦提供多款瓶裝精釀啤酒。

ADD 105台北市松山區市民大道四段129號
TEL 02-2577-1815
TIME 周一至日18:00-02:00

Me Meat Beer窯烤餐酒館

提供老闆自釀啤酒以及世界各地精選精釀啤酒，餐點以充滿獨特創意的頂級窯烤為主打。

ADD 105台北市松山區八德路二段300巷38號
TEL 02-8772-8468
TIME 周一至六17:00-00:00

You & Me 牛肉麵Bar

以牛肉麵與滷味等中式餐點搭配近200種各國手工精釀啤酒，店內還有四支不定期更換的生啤拉把。

ADD 105台北市松山區延壽街145號
TEL 02-2742-2445
TIME 周三至五11:30-15:00與17:00-23:30、周六至一17:00-23:30

ABV Bar & Kitchen精釀啤酒餐廳

提供100多款精釀啤酒，以及希臘菜與地中海菜、義式餐點、中東菜、西班牙巴斯克菜和土耳其菜等。

ADD 106台北市大安區光復南路260巷39號1樓
TEL 02-8771-8114
TIME 周一至日12:00-01:00

Rhody's Bar & Restaurant精釀啤酒美式餐廳

提供道地美式餐點以及各國精釀啤酒。

ADD 106台北市大安區延吉街131巷27號
TEL 02-8772-5180
TIME 周日至四17:30-00:00、周五及六17:30-01:00

Café Odeon

比利時精釀啤酒的專屬天堂，提供多款精釀啤酒，並將酒館、啤酒倉庫、啤酒展示間三者合而為一。

ADD 106台北市大安區新生南路三段86巷11號
TEL 02-2362-1358
TIME 周一至四17:00-01:00、周五16:00-02:30、周六11:00-02:30、周日11:00-01:30

Café Bastille（台大店）

複合式經營CAFÉ，白天是西式餐館及CAFÉ，晚上則變成為酒吧，提供多達200款精釀啤酒。

ADD 106台北市大安區溫州街91號
TEL 02-3365-2775
TIME 周一至日11:00-00:00

小公園Piccolo Parco Caffee Bar

簡單的串燒搭配超過30款比利時精釀啤酒，還可以聽英國搖滾和爵士的小館。

ADD 106台北市大安區通化街184巷1號
TEL 02-2735-1648
TIME 周一至日18:00-01:00

燒包

美式居酒屋，提供平價串燒及各國精釀啤酒和生啤酒。

ADD 108台北市大同區南京西路239巷3號
TEL 02-2558-9990
TIME 周一至日17:30-01:30

Barry & Gabriela's小酒趴

精釀啤酒與手沖咖啡，藝文活動、球賽轉播，以及表演空間。

ADD 103台北市萬華區武昌街二段83-10號
TEL 02-2371-8808
TIME 周日至四12:00-00:00、周五及六12:00-01:30

RKZ × Gourmanes Café

位於西門町中小博物館CAFÉ，不定期購入世界各地的精釀啤酒。提供美式、義式、墨西哥和西班牙餐點。

ADD 108台北市萬華區西寧南路54號2樓
TEL 02-2370-3350
TIME 周三至一12:00-00:00

朝 大眾酒場

簡單輕鬆的復古下町風味居酒屋，提供日本各地風味地啤，串燒、炸物等。

ADD 111台北市士林區福國路95號
TEL 0988-513-205
TIME 周一至六19:00-02:00

角．藍色 cafe

天母在地人才知道的巷弄小店，提供多款精釀啤酒與各式咖啡，不定時更新手工甜點。

ADD 111台北市士林區天母東路8巷93號
TEL 02-2876-3866
TIME 周二至日12:00-21:00

高砂串堂

引進各種特色精釀啤酒，同時提供精緻化的台式熱炒與炸物。

ADD 330桃園市桃園區壽昌街20巷48號
TEL 03-220-8956
TIME 周一至日17:00-01:00

正麥BeerWork鮮釀餐廳

隸屬於正麥餐飲集團，主推以鮮碧爾啤酒為主的美食配搭。鮮碧爾啤酒來自曾貽連創辦的「纖碧爾」酒廠，為新竹第一間民營酒廠。

ADD 300新竹市東區慈雲路8號
TEL 03-666-8575
TIME 周一至日17:00-00:30

Malt Share咖啡餐酒館

秉持著餐酒無國界的精神，將威士忌、精釀啤酒、紅白酒、清酒、咖啡，結合以在地食材做成的餐點。

ADD 407台中市西屯區西屯路三段宏福一巷30號
TEL 04-2461-1933
TIME 周二至日11:30-14:00與17:30-23:00

德斯啤鮮釀啤酒餐廳

台南唯一德國鮮釀啤酒餐廳，其鮮釀黃金啤酒源自德國擁有百年歷史的權威DOEMENS啤酒釀造學院，引進純正德國技術、進口設備與原料在台釀造。餐點則有中式美食與西式歐陸美食。

ADD   700台南市中西區中華西路二段829號
TEL   06-358-9969
TIME 周三至一17:30-01:00

9803咖啡館

提供精釀啤酒的CAFE。

ADD   974花蓮縣壽豐鄉志學村榮光街22號
TEL   038-661--985
TIME 周一至日13:00-01:00

販賣自釀設備的店家與網站

Beer Lab玩啤實驗室

專營啤酒原物料及設備專賣，提供自釀教學。店內也有精挑細選的各國精釀啤酒。

ADD   105台北市松山區長春路442-5號
TEL   02-8712-1391
TIME 週一至五17:00-22:00、週六12:00-22:00

Show How Beer Store

提供自釀啤酒相關原料與自釀教學服務，也有銷售台灣及各國精釀啤酒。

ADD   320桃園市中壢區文化路36號
TEL   03-455-6119
TIME 週一至五18:00-22:00、週六15:00-22:00

金鼎軒啤酒DIY Beer Supply Home Brew

設備齊全的自釀原料商，器具與原料都相當齊全，價格也很優惠。亦可至台中門市直接選購。

WEB   www.diybeersupply.com.tw
ADD   433台中市沙鹿區六路七街68號
TEL   04-2631-3368

懶散精釀啤酒專賣店

販售自釀啤酒原料，亦提供自釀教學課程與同好交流空間。同步銷售台灣及各國精釀啤酒。

ADD   406台中市北屯區崇德二路一段141巷51號
TEL   04-2246-8208
TIME 週一至三及五15:00-22:00、週六至日12:00-22:00

霧樂家釀Wuller Homebrew Supply

販售各國手工精釀之餘，也以實做教學的方式分享如何挑選釀酒原料、所需設備及製酒流程等，亦供應釀酒原物料設備。

ADD   413台中市霧峰區中正路28號
TEL   0937-715-419
TIME 週二至五14:30-01:30、週六至日12:00-01:30

BrewJam自由釀造

販售豐富新鮮的自釀原料，如啤酒花、紐西蘭Gladfield麥芽等。

WEB   brewerland.com
TEL   02-8919-1368

媽媽嘴自釀啤酒同學會

「媽媽嘴咖啡」為推廣自釀啤酒所設立的媽媽嘴啤酒教室，提供基本物料與設備套組。

WEB   www.homebrew.com.tw
TEL   02-2618-6501

啤酒王

主要在露天賣場專賣自釀啤酒原料器材的批發與零售，也有開設基礎自釀課程。

WEB   www.ibeerwangtw.com
TEL   0912-935-388

金武士商行

主要提供品質精良的進口麥種、啤酒花和其他相關產品。

WEB   www.pcstore.com.tw/suntopinc/

傢釀生活

專為台灣小空間設計的自釀設備完整套裝產品。

ADD   110台北市基隆路二段107-7號
TEL   02-2736-3656
TIME 週一至五10:00-18:00

愛釀手作麥酒設備原料

獨家代理德國Kloster Malz和Speidel的釀酒設備。

WEB   www.ibrew-beer.com/home.html
TEL   04-833-9826

葉氏酵母專賣

台灣第一家新鮮液態酵母專賣店，提供多種液態釀酒酵母產品與酵母擴培器材。

WEB   www.yesyeast.com

台灣精釀啤酒誌

20 間台灣在地酒廠 ×93 款
Made in Taiwan 手工精釀啤酒

國 家 圖 書 館 出 版 品 預 行 編 目 (CIP) 資 料

臺灣精釀啤酒誌 / La Vie 編輯部編著 . -- 初版 . -- 臺北市 : 麥浩斯出版 : 家庭傳媒城邦分公司發行 , 2016.09
224 面 ; 17 x 23 公分
ISBN 978-986-408-182-0(平裝)

1. 啤酒 2. 臺灣

463.821   105011244

作者	La Vie 編輯部
責任編輯	陳詠瑜
特約採訪編輯	張倫、張健芳、楊喻婷、許花、許家菱、劉維人、周培文、蔡蜜綺、李蘋芬、倪焯琳、陳欣妤
特約撰稿	謝馨儀
美術設計	郭家振
攝影	張藝霖、雷昕澄、劉森湧、陳泓名
插畫	陳若凡

發行人	何飛鵬
事業群總經理	李淑霞
副社長	林佳育
主編	張素雯
出版	城邦文化事業股份有限公司 麥浩斯出版
E-mail	cs@myhomelife.com.tw
地址	104 台北市中山區民生東路二段 141 號 6 樓
電話	02-2500-7578
發行	英屬蓋曼群島商家庭傳媒股份有限公司城邦分公司
地址	104 台北市中山區民生東路二段 149 號 10 樓
讀者服務專線	0800-020-299（09:30 ～ 12:00;13:30 ～ 17:00）
讀者服務傳真	02-2517-0999
讀者服務信箱	csc@cite.com.tw
劃撥帳號	1983-3516
劃撥戶名	英屬蓋曼群島商家庭傳媒股份有限公司城邦分公司
香港發行	城邦（香港）出版集團有限公司
地址	香港灣仔駱克道 193 號東超商業中心 1 樓
電話	852-2508-6231
傳真	852-2578-9337
馬新發行	城邦（馬新）出版集團 Cite（M）Sdn. Bhd.（458372U）
地址	41, Jalan Radin Anum, Bandar Baru Sri Petaling, 57000 Kuala Lumpur, Malaysia.
電話	603-90578822
傳真	603-90576622

總經銷	聯合文化行銷股份有限公司
電話	02-26689005
傳真	02-26686220
製版	凱林製版 · 印刷
定價	新台幣 380 元／港幣 127 元

2016 年 09 月　初版 1 刷
2019 年 05 月　初版 3 刷 · Printed in Taiwan
ISBN　　　978-986-408-182-0（平裝）

版權所有 · 翻印必究（缺頁或破損請寄回更換）

廣告

台灣／台北

傢釀生活
Hobrew

text 陳迪諾 ｜ photo 古德沃克

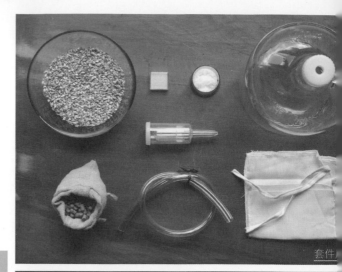

套件

專為家庭所設計
最完整的自釀啤酒套件

啤酒，一直以來都是聚會與歡樂的代表物。一個設計師、一個釀酒師，兩個人因著自釀啤酒相聚，更發現自釀是可以讓大家聚在一起互動並分享手作溫暖的活動，兩人決定把這樣可以拉近人與人距離、分享溫暖與快樂的自釀文化在台灣推廣。

因著台灣地狹人稠，故兩人在開發套件時特別著重為小空間所設計，讓所有人皆能在廚房自釀啤酒。主打著只會煮水，搭配著精心設計的套件與說明書，人人皆可以釀造出屬於自己美味的啤酒。

傢釀生活自釀啤酒

ADD　110 台北市基隆路二段107-7號
TEL　02-27363656#20
TIME　週一～週五 10:00 – 18:00
WEB　www.hobrew.com
FB　hobrew

★ 台北／信義區

自釀四大步
糖化 煮沸 酵母投放

Mash 糖化

Boil 煮沸

Pitching 添加酵母

Bottling 裝瓶